U0333512

编委会

中等职业院校"十四五"规划旅游服务类系列教材

总主编

叶娅丽　成都纺织高等专科学校教授
　　　　成都旅游导游协会副会长
　　　　四川教育学会研学实践专业委员会学术专委会秘书长

编委（排名不分先后）

庄剑梅　成都工程职业技术学校　高级教师
张　力　成都市礼仪职业中学　高级教师
徐永志　成都电子信息学校　一级教师
刘　燕　成都电子信息学校　一级教师
李玉梅　成都电子信息学校　一级教师
廖　蓉　成都市蜀兴职业中学　一级教师
吴志明　四川省会理现代职业技术学校　一级教师
周　艳　南充文化旅游职业学院　讲师
李　桢　四川省宜宾市职业技术学校　一级教师
汪远芳　三台职业技术学校　高级教师
刘斯瑗　富顺职业技术学校　一级教师
任　英　四川省峨眉山市职业技术学校　一级教师
黄克友　青川县职业高级中学　高级教师
王惠全　四川省广元市职业高级中学校　高级教师
王叔杰　四川省南江县小河职业中学　高级教师
朱轶轶　四川省工业贸易学校　高级教师
林　玲　四川省工业贸易学校　一级教师
舒小朵　成都天府新区职业学校　一级教师

中等职业院校"十四五"规划旅游服务类系列教材

总主编 ◎ 叶娅丽

茶艺基础教程

Chayi Jichu Jiaocheng

主　编 ◎ 李玉梅

副主编 ◎ 任　英　刘　怡　舒小朵

　　　　　贠　欣　黄克友

华中科技大学出版社

http://press.hust.edu.cn

中国·武汉

内 容 简 介

本书突出教材的普识性、地域性、针对性、典型性、操作性和实用性,通过走进茶馆、走进绿茶、走进红茶、走进乌龙茶、走进黑茶、走进白茶、走进黄茶和走进再加工茶与调饮茶八个项目,系统地介绍了各类茶的基础知识、备具布席和冲泡技艺等内容。

本书不仅可以作为中等职业院校旅游服务类专业茶文化方向的专业教材,还可以满足茶文化产业就业人员从业前的培训需要,也可以作为茶艺师职业等级考核的培训参考教材。

图书在版编目(CIP)数据

茶艺基础教程/李玉梅主编.—武汉:华中科技大学出版社,2021.7(2023.8重印)
ISBN 978-7-5680-6919-9

Ⅰ.①茶… Ⅱ.①李… Ⅲ.①茶艺-中等专业学校-教材 Ⅳ.①TS971.21

中国版本图书馆 CIP 数据核字(2021)第 130239 号

茶艺基础教程
Chayi Jichu Jiaocheng

李玉梅 主编

策划编辑:胡弘扬 李 欢
责任编辑:胡弘扬 李家乐
封面设计:原色设计
责任校对:曾 婷
责任监印:周治超
出版发行:华中科技大学出版社(中国·武汉)   电话:(027)81321913
         武汉市东湖新技术开发区华工科技园   邮编:430223
录 排:华中科技大学惠友文印中心
印 刷:武汉科源印刷设计有限公司
开 本:787mm×1092mm 1/16
印 张:12
字 数:282千字
版 次:2023 年 8 月第 1 版第 3 次印刷
定 价:39.80 元

总序
ZONGXU

2019 年 2 月 13 日,国务院发布了《国家职业教育改革实施方案》,明确指出,坚持以习近平新时代中国特色社会主义思想为指导,把职业教育摆在教育改革创新和经济社会发展中更加突出的位置。优化教育结构,把发展中等职业教育作为普及高中阶段教育和建设中国特色职业教育体系的重要基础。建设一大批校企"双元"合作开发的国家规划教材,倡导使用新型活页式、工作手册式教材并配套开发信息化资源。为了落实《国家职业教育改革实施方案》意见,"以职业能力目标为导向,构建基于工作体系的中职课程体系",华中科技大学出版社组织编写了中等职业教育旅游类示范院校"十四五"规划教材。该套教材具有以下几个特点。

1. 理念先行,调研在前

本着务实的态度,我们在编写前对全国百余所中职旅游类学校进行了问卷调研,了解各校的专业建设、课程开发及教材使用等情况;举办了中职旅游类教材建设研讨会,对每本大纲进行了研讨和修改,保证了本套教材体例和内容的一致性;采访了中职旅游类专业负责人、一线教师和用人单位,了解了中职教育的现状和存在的问题,明确了教材编写的要求。在经过充分调研的基础上,汇聚一大批全国高水平旅游院校学科带头人,合力编写了该套教材。

2. 定位准确,强调职教

职业教育的目的是培养应用型人才和具有一定文化水平和专业知识技能的劳动者。与普通教育相比较,职业教育侧重于实践技能和实际工作能力的培养。本套教材没有盲目照搬普通教育模式,而是根据旅游职教模式自身的特点,突出了对旅游工作岗位的实践技能和实际工作能力的培养。

3. 立足中职,衔接高职

2014 年国务院颁布了《关于加快发展现代职业教育的决定》,明确指出,建立健全课程衔接体系。推进中等和高等职业教育培养目标、专业设置、教学过程等方面的衔接,形成对接紧密、特色鲜明、动态调整的职业教育课程体系。高等职业学校重点是培养服务区域发展的高素质技术技能人才,而本套教材是按照中等职业教育的要求,强化了文化素养,围绕培养德智体美全面发展的高素质劳动者和技能型人才来编写的,重点培养旅游行业的高素质劳动者和技能型人才。

4. 对接企业岗位,实用性强

该套教材按照职业教育"课程对接岗位"的要求,优化了教材体系。针对旅游企业的不同岗位,出版了不同的课程教材,如针对景区讲解员岗位出版了《景区讲解技巧》《四川景区讲解技巧实训》等教材,针对旅行社导游出版了《导游基础知识》《导游实务》等教材,针对前厅服务员出版了《前厅服务实训》《旅游服务礼仪》等教材,保证了课程与岗位的对接,符合旅游职业教育的要求。

5. 资源配备,搭建教学资源平台

该套教材以建设教学资源数据库为核心,每本书配有图文并茂的课件、习题及参考答案、考题及参考答案,便于教师参考,学生练习和巩固所学知识。

叶娅丽

2020 年 3 月 10 日

前言
QIANYAN

中国是茶文化的故乡,是人类饮茶、种茶、制茶的发源地。巴蜀地区是我国茶叶种植的主要地区,巴蜀茶叶历来以数量大、品种多、分布广、品质好、声誉高而著称,自古就有"蜀土茶称圣"的美誉。据史料记载,早在唐朝时期,巴蜀茶叶产量就居全国之首。随着巴蜀茶叶产业的快速发展,巴蜀茶文化产业也面临着新的机遇和新的挑战,而培养茶文化产业专业人才,推广巴蜀名茶,弘扬国饮,则是提升巴蜀茶叶影响力和推动巴蜀茶文化发展的重要基础。

为适应茶艺师职业技能培训的迫切需要,提高职业技能培训质量,同时为了填充巴蜀中职旅游服务类专业茶艺师专门化培训方向教材的空缺,我们组织编写了《茶艺基础教程》这本教材。它是由华中科技大学出版社牵头并组织四川省内部分中等职业学校具有丰富教学经验和行业实践经验的一线优秀教师和行业专家,经过对行业、市场的充分调研分析,根据旅游专业培养目标、教学计划、行业需求、学生就业岗位能力要求,结合学生实际情况和教师多年的一线经验编写而成。

本书内容丰富,通俗易懂,在强化职业技能训练的同时,注重培养茶文化产业人员的综合职业能力,突出教材的普识性、地域性、针对性、典型性、操作性和实用性。本书内容包括走进茶馆、走进绿茶、走进红茶等八个项目,系统地介绍了各类茶的基础知识、备具布席与冲泡技艺等内容。为了方便教和学,开拓学生视野,本书制作了配套教学资源。

本书作为中等职业院校旅游服务类专业茶文化方向的专业教材,可以满足茶文化产业就业人员从业前培训的需要,也可以作为茶艺师职业等级考核的培训教材,还可供大中专学校相关专业学生和茶艺爱好者自学使用。由于可读性强,知识面广,本书也可作为社区教育和普通中学茶文化选修课教材。

本书将为进一步发展四川茶产业、弘扬茶文化、发展茶旅游业、壮大茶叶经济以及培养更多的茶文化产业就业人员创造条件。希望更多的中职学生在茶文化产业中寻找到更多的就业和创业机会!

本书的主要编写分工为:成都电子信息学校李玉梅老师负责项目八编写,成都市天府新区职业学校舒小朵老师负责项目一编写,四川省峨眉山市职业技术学校任英老师负责项目三编写,成都电子信息学校负欣老师负责项目四编写,成都市工程职业技术学校刘怡老师负责项目二和项目七的编写,四川省青川职业高级中学黄克友老师负责项目五、六的编写,本书参考和引用了一些已发表、出版的文献资料,特此向有关专家、作者表示由衷的感谢,本书使用的部分图片由成都市工程职业技术学校旅游专业的魏岚老师和卢美同学,以及成都电子信息学校的李楠馨同学参与拍摄。由于编者的水平有限,在编写过程中难免有疏漏和错误存在,诚请各位同仁批评指正,及时反馈本书的不足,以便今后修订和完善。

编　者

2020 年 9 月

目录
MULU

项目一
走进茶馆

 项目目标

职业知识目标：

1. 了解我国茶馆发展历程及布局。

2. 了解我国茶文化史及四川茶文化特点。

3. 掌握茶的种类，并知晓茶叶冲泡的基础知识。

职业能力目标：

1. 能向客人介绍我国茶馆发展历程及布局。

2. 能向客人介绍我国茶文化史及四川茶文化特点。

3. 能根据客人的需要介绍茶的种类。

职业素养目标：

1. 激发学生的民族自豪感。

2. 激发学生对茶艺师工作的热爱。

知识框架

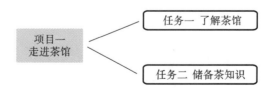

```
                          ┌─ 任务一 了解茶馆
        项目一      ──────┤
        走进茶馆          └─ 任务二 储备茶知识
```

教学重点

1. 我国茶馆发展历程及布局。

2．我国茶文化史及四川茶文化特点。

3．茶叶冲泡的基础知识。

教学难点

茶馆　茶文化　茶叶起源　茶叶种类

项目导入

林语堂在《吾国与吾民》中写道："中国人最爱品茶，在家中喝茶，上茶馆也要喝茶，打架讲理也要喝茶；早饭前喝茶，午夜三更也要喝茶。有清茶一壶，便可随遇而安。"林先生这段话一针见血地指出国人对茶的生活态度。

任务一　了解茶馆

任务引入

茶馆是爱茶者的乐园，现在已经成为当代人休息、消遣和交际的场所。而茶馆的风格和室内布局是每一位客人选择的首要条件。怎样才能设计出一个具有历史特色，又备受当代人喜爱的茶馆呢？

理论知识

一、中国茶馆的起源与发展

我国的茶馆历史悠久，史料记载，早在两晋时期便已经有了茶馆。"蜀人作茶，吴人作茗"，"茗"这个字的意思是茶，"品茗"的意思就是品茶。唐朝时期命名茶馆为茗铺，再经过宋、明、清三代的发展，茶馆已经成为一种受到大众欢迎的休闲娱乐场所。自古以来，品茗场所有多种称谓，如：茶馆、茶楼、茶亭、茶肆、茶坊、茶寮、茶社、茶室、茶屋等。茶馆在不同地区的叫法也不一样，如在湖南、四川等地叫茶馆或茶室，在广西、广东等地叫茶楼，在北京、天津等地叫茶亭等。

（一）茶馆演变的几个阶段

1. 萌芽时期

茶馆的雏形是茶摊（见图1-1），出现于东晋。据《广陵耆老传》中记载："晋元帝时有老姥，每旦独提一器茗，往市鬻之，市人竞买。"也就是说，当时已有人将茶水作为商品到集市进行买卖了。这种没有固定场所的茶摊还不能称为"茶馆"，此时茶摊主要为过往行人解渴提供方便。

图1-1　茶摊

2. 形成时期

唐代是茶馆的正式形成时期（见图1-2）。唐玄宗开元年间（731—741），出现了早期的茶馆。唐玄宗天宝末年（756）进士封演在其《封氏闻见记》卷六中记载："开元中，泰山灵岩寺有降魔师大兴禅教。学禅务于不寐，又不夕食，皆恃其饮茶。人自怀挟，到处煮饮，从此转相仿效，逐成风俗。起自邹、齐、沧、棣，渐至京邑。城市多开店铺，煎茶卖之，不问道俗，投钱取饮。"这种在乡镇、集市、道边"煎茶卖之"的"土店"就是早期的茶馆。

在《旧唐书·王涯传》中记载："太和九年五月涯等仓惶步出，至永昌里茶肆，为禁兵所擒"，则表明在唐文宗太和年间（827—835）已有正式的茶馆。加之唐代陆羽《茶经》的问世，使得"天下益知饮茶矣"。因而茶馆不仅在产茶的江南地区迅速普及，也流传到了北方城市。此时的茶馆除予人解渴外，还兼有予人休息、进食的功能。

3. 兴盛时期

宋代是中国茶馆的兴盛时期。史籍上就有"茶兴于唐，盛于宋"的说法。据史料记载，两

图 1-2　唐代茶馆

宋京都汴京和临安的大街小巷茶馆林立,甚至在偏僻的乡村小镇也有茶馆。北宋张择端的《清明上河图》也展现了开封城茶坊酒肆生意兴隆的繁荣景象。当时的开封城内有鱼市、肉市、鲜果行、金银漆器铺等,而酒楼、茶馆一直开到深夜,相国寺周围有很多写着"茶"的幌旗在风中摇晃。

宋代茶馆的兴盛不仅仅体现在茶馆分布广、数量多,而且还表现在茶客成分的多样、茶馆种类的繁多、茶馆功能的丰富(休闲娱乐、商务交易、会友、信息传播)等方面。宋代茶馆的经营机制已比较完善,大多数实行雇工工作制,"茶博士"(见图 1-3)是专门在茶馆中倒茶的伙计,他们敲打响盏,高唱叫卖以招徕顾客。

图 1-3　宋代"茶博士"

4．普及时期

到明清之时，社会经济的进一步发展使得市民们对各种娱乐生活需求增多，品茗之风达到鼎盛。此时的茶馆已成为一种集休闲、饮食、娱乐、交易等功能为一体的多功能大众活动场所。

明代的茶馆较之宋代，最大的特点是更为典雅精致，环境装饰多悬挂字画。张岱在《陶庵梦忆》中描述到："崇祯癸酉，有好事者开茶馆，泉实玉带，茶实兰雪，汤以旋煮，无老汤。器以时涤，无移器。其火候、汤候亦时有天和之者。"这充分说明茶馆对水、茶、器都十分讲究。

清代茶馆（见图1-4）达到鼎盛巅峰。茶馆不仅遍布城乡，其数量之多，也是历史上少见的。清代的茶馆种类多样，有等级之分。有专供商人洽谈生意的清茶馆、提供饮茶兼饮食的"贰浑铺"、兼说书表演曲艺的书茶馆、供文人笔会和游人赏景的野茶馆、可容三教九流的大茶馆等等。

图 1-4　清代茶馆

5．衰微时期

从 1840 年鸦片战争为开端，到 1919 年"五四"新文化运动兴起为止，这一时期的战乱致使中国茶馆的衰微。

6．复兴时期

新中国成立后，随着经济的发展，人民生活水平逐渐提高，社会全面进步，文化及生活方式的多元化发展促使人们对茶馆需求的呼声越来越高。特别是改革开放后，拥有千年历史的茶馆在涤荡污垢秽物后，以新的风姿、新的时代气息展示新的面貌。1988 年北京老舍茶馆的正式开业可以看成是中国现代茶馆开始全面复兴的一个标志。

（二）中国茶馆的派别

茶馆经过多年的演变，至今主要有川派茶馆、粤派茶馆、京派茶馆、杭派茶馆等四种类型。

1．川派茶馆

四川的茶馆多，且极具特色。在史料记载中，中国最早的茶馆起源于四川。早在民国初期,成都茶馆已达 454 家,是当时茶馆数量最多的城市。在空间格局和服务方式方面,川派茶馆具有自己鲜明的特色。人们从早晨进茶馆可一直坐到晚上关门,照样沏茶而不增加收费。一整天仅收一次茶费。所以茶馆成天热闹,成了人们休息、娱乐、传播信息、进行交易的场所。图 1-5 所示为川派茶馆——彭镇百年老茶馆。

图 1-5 川派茶馆——彭镇百年老茶馆

2. 粤派茶馆

广州在"得风气之先"的岭南文化影响下,其茶馆起步早,是南方沿海地域茶馆的代表。广州人向来有饮茶的习俗,尤其是"喝早茶"。粤派茶馆(见图 1-6)具有"重商、开放、兼容、多

图 1-6 粤派茶馆

元"的地方特色。与其他派别不同的是,广州茶馆多称为茶楼,楼上茶馆,楼下卖小吃茶点,典型特点是"茶中有饭,饭中有茶"。

3. 京派茶馆

长期以来,作为全国的政治、经济、文化中心,北京茶馆始终具有多样性的特点:既有环境优雅的高档茶楼、茶馆,也有大众化的以大碗茶为主要特征的街头茶棚。明清以来,就有闻名遐迩的大茶馆、清茶馆、书茶馆、茶饭馆、野茶馆和棋茶馆。茶馆文化是京味文化的一个重要方面。老舍先生的话剧《茶馆》,可以帮助人们了解清末至新中国成立前夕北京的社风民情。图 1-7 所示为京派茶馆。

图 1-7 京派茶馆

4. 杭派茶馆

在"人性柔慧,尚浮屠之教"的吴越文化影响下,杭派茶馆(见图 1-8)的发展是全国茶馆业发达、先进的代表。在地理环境和自然资源方面,西湖与"西湖双绝"——龙井茶、虎跑水是杭州茶馆得天独厚的优势。21 世纪以来,已经处在茶馆主流地位的新式茶馆队伍日益壮大,相继出现了主题茶馆、复合式茶馆、探索性茶馆等,一些具有代表性的知名茶馆基本成型。2003 年,杭州市茶楼业协会正式成立,这一行业的自律组织对于推动杭州的茶馆业规范发展具有重要意义,同时也标志着杭派茶馆形成了规范性产业。

（三）茶馆的分类

1. 早期茶馆

早期由于每个地区的文化背景不同,都有代表各地区文化特征的茶馆。四川茶馆以综合效用见长;苏、杭茶馆以幽雅著称;广东茶楼主要是与"食"相结合;北京茶馆则集各地之大成,以种类繁多、功用齐全、文化内涵丰富为特点。

图 1-8　杭派茶馆

1）书茶馆

书茶馆以演述评书为主。评书分"白天"和"灯晚"两班。"白天"由下午三四时开书,至六七时散书,"灯晚"由下午七八时开书,十一二时散书。这些书茶馆在开书以前是卖清茶,供过往行人歇息、解渴;开书以后,饮茶便与听评书结合,不再单独接待一般茶客,顾客一边听书,一边品茶,以茶提神助兴,听书才是主要目的。

2）清茶馆

清茶馆是专卖清茶的,以饮茶为主要目的。一般是方桌木椅,陈设雅洁简练。清茶馆皆用盖碗茶。春、夏、秋三季还在门外或院内搭上凉棚,前棚坐散客,室内是常客,院内有雅座。茶馆门前或棚架檐头挂有木板招牌,刻有"毛尖""雨前""雀舌""大方"等名目,表明卖的是上好名茶以招徕客人。

3）棋茶馆

棋茶馆是北京老茶馆中的一大特色,是专供茶客下棋的茶馆。其设备较简陋,朴素清洁,以圆木或方样埋于地下,上绘棋盘,或以木板搭成棋案,两侧放长凳。茶客边饮茶、边对弈,以茶助弈兴,喝着并不贵的"花茶"或盖碗茶。

4）野茶馆

野茶馆就是设在野外的茶馆,大都设在风景秀丽的郊外,特别是风景好、水质好的山泉处。在春天踏青、夏天观荷、秋天看红叶、冬天赏雪的时候,野茶馆不失为品茶雅叙的好去处。

5）大茶馆

大茶馆是一种多功能的饮茶场所,一方面可以品茶,另一方面也是文人交往、同学聚会、洽谈生意的地方。它是集饮茶、饮食、社交、娱乐于一身的饮茶场所。从老舍先生的名剧《茶馆》中,人们可以了解到大茶馆的模型。直到现在,北京、成都、重庆、扬州等地,仍然存在这种类型的茶馆。

2. 现代茶馆

现代茶馆是现代茶艺产生后的新生事物，对促进茶叶的消费、提高社会休闲生活的品质、弘扬中国传统茶文化等方面发挥了积极作用，已形成了一个新兴行业。

1）文化型茶馆

文化型茶馆将文学、艺术等功能结合在一起，经常举办各种讲座、座谈会，推广茶文化。馆内提供交谈、聚会、休闲品茗的空间并兼营字画、书籍、艺术品等买卖，富有浓厚的文化气息，类似文化交流中心，有些类似18世纪法国沙龙，靠经营的收入来维持。这种类型的茶馆有创造文化、发扬文化的理念和功能。

2）商业型茶馆

商业型茶馆以文化为包装，配合节事、庆典举办各种促销活动，以企业管理方式，经营茶叶、茶具及饮品等，服务周到，一切以创造利润为主。因此，这种类型的茶馆消费较高。

3）混合型茶馆

混合型茶馆以品茗为主，但也以商业经营来创造利益。因此，也经营冰茶、葡萄酒、餐点等有利可图的项目，类似茶餐厅。

二、茶馆的布局

品茗喝茶除了要有好的茶叶、好的茶具、好的水、好的泡茶技艺之外，品茗环境的设计也是重要的一环。自古以来，品茶人就重视品茗环境，早期喝茶的地方叫做"围"，也就是在主人家客厅的一角，以屏风围起来，加以适当的摆设作为喝茶的环境。后来演变成为将一个房间专门作为喝茶的地方，称之为"茶间"。在物质条件丰富之后，修建一座幽雅的房子作为专门饮茶的地方，就称之为"茶室"。

（一）茶馆的类型

1. 庭院式茶馆

以中国江南园林建筑为蓝本，有小桥流水、亭台楼阁、曲径花丛、拱门回廊，有一种"庭院深深深几许"的意境。室内往往陈设民艺、木雕、文物、字画等，清净悠闲的氛围，让人有一种返璞归真、回归自然的感觉，让人在现代社会的都市里得到真正的心清神宁，进入"庭有山林趣，胸无尘俗思"的境界。图1-9所示为庭院式茶馆。

2. 厅堂式茶馆

厅堂式茶馆以传统的家居厅堂为蓝本，摆设古色古香的家具，张挂名人字画，陈列古董、工艺品等，布置典雅清幽。室内摆置的茶桌、茶椅、茶几等，古朴、讲究，或红木，或明式，也有采用八仙桌、太师椅等，反映出中国文人家居的厅堂陈设，让人感觉走进了书香门第的氛围。

3. 乡土式茶馆

乡土式茶馆强调乡土特色，追求乡土气息，以乡村田园风格为主轴，大多以农业社会时

图 1-9 庭院式茶馆

代背景作为布置的基调。竹木家具、马车、牛车、蓑衣、斗笠、石臼、花轿等,凡是能反映乡土气息的东西就是布置的材料。有的直接利用已经无人居住的古屋、古厝整修成茶馆,有的特别设计成野趣十足的客栈门面,户外是花轿、牛车,屋内是古意盎然的古井、大灶,店里的工作人员穿着凤仙装、店小二装来接待客人,更有一番情趣。

4. 唐式茶馆

唐式茶馆的布置,内设拉门隔间,以木板、榻榻米为地,客人进入后需脱鞋席地而坐。用竹帘、屏风或矮墙等作象征性的间隔,顶上大多以圆形灯笼照明,有一种浓厚的东洋风味,因此,也被人习惯称之为"日本和式"茶馆。

5. 综合式茶馆

综合式茶馆是一种古今设备结合,东西形式合璧,室内室外相衬的多种形式融为一体的茶馆,以现代的科技设备创造传统的情境,以西方的实用主义结合东方的情调,这样的茶馆容易受到年轻朋友的欢迎。

(二) 茶馆的布局要求

茶馆的布局要讲求情调。常言道,赏花须结韵友,登山须结逸友,泛舟须结旷友,饮酒须结豪友,品茶须结静友。茶将人带到沉思默想的境界,茶象征着纯洁,因此,品茶的厅堂陈设通常讲究古朴、雅致、简洁、气氛悠闲、芬芳满室、清雅宜人、富有文化气息。

1. 环境布局

茶馆外观装修追求典雅别致,内部装潢和桌椅陈设力求幽静、雅致,四壁或柱上悬挂书画或雕刻,在适当的位置摆放盆景、插花以及古玩和其他工艺品,还可以摆设书籍、文房四宝以及乐器和音响,还可利用布幔、漏墙、珠帘、屏风、竹篱、木栅等设置缓冲通道来遮挡视线,似隔非隔,隔中有透,实中有虚,追求品茗环境的"静""雅""洁"。

2. 装潢布局

茶馆在装潢、设计时除了将经营者的理念、审美观念贯穿其中外,还要注意无论哪种类型,都应配备以下主要装饰。

1) 茶台

摆放所有的茶叶、茶具及用来收银。

2) 陈列柜

陈列柜也称百宝格,里面主要陈列一些与茶有关的物品,如书籍、茶具、茶叶样品以及装饰摆件。图 1-10 所示为陈列柜。

图 1-10　陈列柜

3) 茶桌、茶椅

茶桌、茶椅除了考虑质地、样式外,还应考虑椅子的舒适性。

另外,对于其他的装饰物,要根据茶室的面积、位置及风格而定。

任务实施

1. 以小组为单位,相互介绍中国茶馆的起源及发展。
2. 以小组为单位,相互介绍中国茶馆的类型。

■ 活动评价

学生活动评价表见表1-1。

表1-1　学生活动评价表

评价内容	评价标准	自评	小组评价	教师评价
中国茶馆的起源和发展	条理清晰			
	表达流畅			
	亲切友好			
	仪态大方			
中国茶馆的类型	条理清晰			
	表达流畅			
	亲切友好			

任务拓展

主题:调查当地最有特色的茶馆,将调查结果形成文字资料或做成PPT,在课前5分钟与同学们分享。

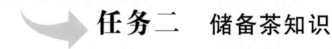

任务二　储备茶知识

任务引入

金秋十月,丹桂飘香。一阵阵秋风夹带着一丝丝凉爽,又弥漫着微微的暖意,这样的好天气正是泡茶馆的好时机。这不,成都禅意茶室迎来了一对外国客人,他们对中国茶文化颇感兴趣,如果你作为茶室的茶艺师,你应如何向他们介绍呢?

理论知识

一、茶的起源与发展

（一）茶的起源及发展过程

中国是茶的故乡，是世界上最早发现茶和利用茶的国家。据历史资料考证，茶树起源于中国。早在 5000 多年前，我们的祖先就发现茶有解毒的功效。经过漫长的历史"跋涉"，茶已经在全世界 50 多个国家扎下了根，成为风靡世界的三大无酒精饮料之一。茶是中华民族的举国之饮，发于神农氏，闻于鲁周公，《华阳国志·巴志》记载："周武王伐纣，实得巴蜀之师，茶蜜皆纳贡之。"这一记载表明在周朝的武王伐纣时，巴国就已经以茶与其他珍贵产品纳贡给周武王了。《华阳国志》中还记载，那时就已经有人工栽培的茶园了。

茶在中国的应用过程，可以分为 3 个阶段，即药用、食用和饮用。药用为其开始之门，食用次之，饮用则为发展阶段。当然，茶之药用、食用和饮用之间有先后承启的关系，但是又不可能对三者进行绝对划分。

1. 药用时期

传说神农氏最早认识了茶，并以茶为药，发现了茶的药用功能。后人经过长期实践，发现茶叶不仅能解毒，而且配合其他中草药，可医治多种疾病。世界最早的茶叶专著《茶经》，全面论述了茶的功效："茶之为用，味至寒，为饮最宜。精行俭德之人，若热渴、凝闷、脑疼、目涩、四肢烦、百节不舒，聊四五啜，与醍醐、甘露抗衡也。"明代李时珍则从医药学家角度将茶的品性、药用价值一一道来：茶味较苦，品性趋寒，因而最宜用来降火。如果喝温茶，那心中火气就会被茶汤减去；如果喝热茶，那火气就会随着茶汤挥发。并且茶汤还有解酒的功能，能使人神清气爽、不再贪睡。

随着科学技术的发展，特别是现代医学的发展，我们对茶叶的功效有了更科学的认识。现代科学研究表明，茶对人体的药理功能，主要是因为茶叶含有多种对人体有益的化学成分。研究资料表明茶叶中化学成分有 500 多种。

2. 食用时期

所谓食用茶叶，就是把茶叶作为食物充饥，或是做菜吃。我们的祖先在发现茶树的早期，是把野生茶树上嫩绿的叶子当作新鲜"蔬菜"嚼来吃，或配以必要的佐料一起食用，这是最原始的"吃茶"阶段。

如今，除了品饮之外，还有一些原始形态的茶食仍为现代人所享用。例如食用擂茶。擂茶早期是用生姜、生米、生茶叶（鲜茶叶）做成，故又名"三生汤"。

3. 饮用时期

茶的饮用是在食用和药用的基础上形成的。在中国，饮茶的历史经历了漫长的发展和变化时期。不同的阶段,饮茶的方法、特点都不相同,大致可分为唐前茶饮、唐代茶饮、宋代茶饮、明代茶饮、清代茶饮。唐朝时期,茶叶多加工成饼茶,饮用时加调味的配料烹煮成茶汤。《茶经》的问世为饮茶开辟新径,唐代人对茶叶的质量、茶具、用水、烹煮环境以及烹煮方法越来越讲究,饮茶方法有较大改进。宋代斗茶盛行,斗茶中获胜的茶成为名茶。明代以后,制茶工艺革新,团茶、饼茶被散茶代替,饮茶也改为泡饮法,对饮茶的方式更加讲究。清代时,无论是茶叶、茶具还是茶的冲泡方法大多已和现代相似,茶的品类齐全。

二、茶文化的形成

中国茶文化是中国制茶、饮茶的文化。作为开门七件事之一,饮茶在中国古代是非常普遍的。中华茶文化源远流长、博大精深,不但包含丰富的物质文化还包含深厚的精神文化。自唐代茶圣陆羽的《茶经》在历史上吹响了中华茶文化的号角以后,茶已渗透到宫廷和社会,延伸至中国的诗词、绘画、书法、宗教、医学等范畴。

(一)始于神农

追溯中国茶文化的渊源,就要提到上古时代的神农。传说神农氏有一次品尝 72 种毒草,感觉五脏烧焦,四肢麻木,就躺在树下休息。这时突然一阵凉风袭来,一片叶子刚好掉进他嘴里,其味甘甜清香,于是他精神一振,索性将树上的嫩叶摘下来继续尝一尝,嚼完后毒气渐渐褪去,身体倍感舒服。神农氏后来又多次尝试并反复检验,因此他认定这种树的嫩叶可作为治疗药物,将其称为"茶"。从那以后,"茶"便在世界上代代相传。

(二)萌芽于两晋、南北朝

晋代随着茶叶生产的较大发展,饮茶的文化性也更加体现出来。到了南北朝时期,茶饮进一步普及,茶饮在民间的发展过程中,也逐渐被赋予了浓浓的文化色彩。从文献记载来看,晋代茶文化的特征体现在以下几个方面:以茶待客、以茶示俭、以茶为祭、以茶入文。在两晋、南北朝,茶叶有了一定的种植面积,茶俗进入日常活动,加之文人雅士将其升华,茶这种简单的饮品被赋予了文化符号,中国茶文化在此阶段逐步萌芽。

(三)兴于唐朝

唐代是中国茶文化的正式形成时期。茶文化的形成与唐代经济、文化的发展有着密切联系。唐朝疆域辽阔,注重对外交往,中国茶文化正是在这种气候下形成的。此外,佛教发展、诗风大盛、贡茶兴起、禁酒措施等因素从不同层面对茶文化的形成起到了推动作用。"一碗喉吻润,两碗破孤闷。三碗搜枯肠,唯有文字五千卷。四碗发轻汗,平生不平事,尽向毛孔散。五碗肌骨清,六碗通仙灵。七碗吃不得也,唯觉两腋习习清风生。"《走笔谢孟谏议寄新茶》是唐代诗人卢仝勾勒出当时在品饮新茶时给人的美妙意境。唐朝时期由于经济蓬勃发展,朝廷加深了对茶业的重视。茶事的兴旺和贡茶的兴起,也加速了茶叶栽培和加工技术的发展,不仅涌现出了许多名茶,品饮之法也有较大改进。为改善茶叶的苦涩味,在饮用时加入薄荷、盐、红枣等调味品烹煮汤饮。此外,也开始使用专门的烹茶器具。

(四)盛于宋朝

茶兴于唐,盛于宋。吴自牧的《梦粱录》卷十六"鲞铺"中也有记载:"盖人家每日不可阙者,柴米油盐酱醋茶。"自宋代始,茶就成为"开门七件事"之一。这一时期,从皇帝到百姓都流行喝茶,茶已成为家家户户的日常饮品。茶叶产品也开始由团茶发展为散茶,打破了团茶、饼茶一统天下的局面,同时出现了团茶、饼茶、散茶、末茶。茶区大面积南移,使茶叶提前一个月上市。宋太祖乾德二年(964),实现了茶叶专卖制,促进了茶业的快速发展,饮茶之俗上下风行,茶文化呈现出一派繁荣景象。除了高技艺的"斗茶"和"分茶"之外,还有民间自有的饮茶方法。斗茶在宋代不仅仅是饮茶的方式,更是一种精神文化享受,把饮茶提升到一个新的高度。

(五)持续于明清

明清时期,我国茶业出现了较大的变化。明代时,中国传统的制茶方法已基本具备,同时更多的文人置身于茶,茶书、茶画、茶诗不计其数。如张源的《茶录》、陆树声的《茶寮记》、许次纾的《茶疏》、文徵明的《惠山茶会图》《品茶图》以及唐寅的《烹茶画卷》《事茗图》等传世作品诞生。这一时期品茶的方法逐渐简单化,散茶盛行。由于制作工艺的改进,各种类型的茶叶得以产生,像红茶、乌龙茶等,也出现了功夫小种、紫毫、白毫、兰香等名茶产品。到了清代,茶叶种植面积和产量都有很大的提高。该时期出现了将近40种名茶,如武夷岩茶、西湖龙井、洞庭碧螺春、黄山毛峰等。另外,各种新型茶具也不断涌现。中国茶文化发展更加深入,茶与人们的日常生活紧密结合起来。清代民间茶馆兴起,并发展成为适合社会各阶层所需的活动场所,它把茶与曲艺、诗会、戏剧和灯谜等民间文化活动融合在一起,形成了一种特殊的"茶馆文化","客来敬茶"也已成为寻常百姓的会客礼仪。

(六)复兴于现代

1949年新中国成立以后,我国政府采取了一系列恢复和扶持茶叶生产的政策和措施,茶叶生产得到了迅速恢复和发展,全国主要有18个省、市、自治区产茶,产量逐年增加,出口量不断递增。特别是近20多年来,随着我国经济的繁荣发展,国人生活水平的提高、中国茶文化也有了飞速发展,凸显蓬勃之势。

随着品种越来越丰富,饮用方式也越来越多样,茶已经成为风行全世界的健康饮品之一,各种以茶为主题的文化交流活动也在世界范围内广泛开展,茶及茶文化的重要性也因此日趋显著,品茶已经成为美好的休闲方式之一,为人们的生活增添了更多的诗情画意,深受各阶层人民的喜爱。

总而言之,茶的"绿色保健"正好契合了当今人们追求健康的理念;茶的"至清至洁"正是人们修身养性之所追求;茶的"天然生态"又符合了当今人们返璞归真的心态;品茶"天人合一"的意境与当今所倡导的人与自然和谐共生,推进生态文明建设理念一致。

三、四川茶文化

四川被称为天府之国,物丰民富。茶史资料表明,茶原产于西南部古巴蜀地区。记载黄帝采药官桐君事迹的《桐君采药录》写道:"巴东别有真茗茶,煎饮令人不眠。"唐代茶圣陆羽所著茶书《茶经》写道:"茶者,南方之嘉木也,一尺二尺,乃至数十尺。其巴山峡川有两人合抱者,伐而掇之。"即茶树矮的有一两尺,高的有数十尺,要砍倒来采摘茶叶。公元前59年,西汉文学家四川资中人王褒《僮约》中记载到"脍鱼炮鳖,烹茶尽具""武阳买茶,杨氏担荷"两句。前一句说在西汉时的成都一带,饮茶已成风尚,而且在地主富家还出现了专门的用具。后一句说在成都附近的武阳(即今四川省眉山市彭山区武阳乡)已经出现了茶叶交易市场。

人工种植茶树,最早记载也在四川。据四川《名山县志》记载,被称为种茶始祖的名山茶农吴理真,在西汉时率先在名山县(现名山区)蒙顶山上种下七棵茶树,制成仙茶,成为最早的贡品茶。"扬子江中水,蒙山顶上茶"的美誉佳颂至今。可见真名实姓的吴理真在蒙山人工栽培茶树已有2000多年的历史了。四川现有名茶也近40种,如峨眉毛峰、蒙顶甘露、青城雪芽、茉莉花茶等。

(一)四川茶馆

四川人最爱泡茶馆。有谚语说,四川"头上晴天少,眼前茶馆多"。这谚语不仅是对四川地理环境的描绘,还证实了四川茶馆数量繁多。作为中国四大流派的四川茶馆具有以下功能。

1. 信息交流

四川四周环山,天然闭塞,四川人想要了解外界信息实在不易,于是茶馆就成了大家交流信息重要场所,四川方言称"摆龙门阵"。不论老友新知,一走进茶馆皆为茶友,大到世界形势、国家大事,小到生活琐事都能说个天方地圆,如云如雾。

2. 娱乐休闲

茶客坐在茶馆中,可看川剧、可听清音、可遛鸟、可打盹儿或者看看闲书、录像片,要么就两三个人凑在一块儿摆龙门阵,不时还有掏耳朵的、擦皮鞋的、算命看相的游走其间,大家都逍遥自在,自得其乐。

3. 买卖交易

四川茶馆也是买卖交易的场所。茶馆中时常出入一些小贩,有卖瓜子、胡豆、桃片、油饼、脆麻花等零食的。在四川民间,许多生意买卖都是在茶馆进行的,买卖双方通常是在喝茶聊天的同时就不知不觉把生意做成了。成都还设有专门用来进行交易的茶馆,茶馆里设有雅座、茶、点心,还可以临时叫菜设宴,谈生意十分方便。

另外,四川茶馆除了是休闲、社交场所之外,还被称为"民间法院"。亲朋邻里之间若出现了纠纷,双方约定到某茶馆"评理"。凡上茶馆调解纠纷者,由双方当事人出面,请当地头面人物调解,参加辩论的双方经过一番唇枪舌剑之后,由调解人仲裁。所谓"一张桌子四只脚,说得脱来走得脱"。如果双方各有不是,则各付一半茶钱;如是一方理亏,则要认输赔礼包付茶钱。

(二)盖碗茶

1. 三件头

盖碗茶是四川茶文化的代表,分为茶碗、茶盖、茶托三部分,因而称为"三件头"。相传是唐代四川节度使崔宁发明。崔宁勤于政务,功于诗书,常常以茶会客。崔宁见使女送茶时,常因茶碗太烫而多有不便,于是他想出一个妙计,用蜡将茶碗固定在茶托上,这样一来,茶碗里的水就不会溢出。后来这种茶具在民间流传开来,而后全国效仿。茶碗上大下小,体积适中,便于冲茶;茶盖保温透气,半张半合,茶叶不致入口,茶汤又可喝出,便于饮茶;而茶托则能在端茶的时候很好地隔热免烫。茶盖代表天,茶碗代表人,茶托代表地,又称"三才碗",意为茶为天含之、地载之、人育之的天地间的精华。

2. 三吹三浪

四川人喝茶意在茶,多以喝清茶为主,不像扬州、广州的茶客那样且饮且食。正宗的四川老茶馆应是紫铜茶壶、锡杯托、景瓷盖碗。茶馆的茶博士(堂倌)个个身怀掺茶绝技,一手铜壶在握,一手卡住一摞盖碗和托垫,多的一手能端十五六只盖碗。人近茶桌,左手一扬,"哗"的一声,一串茶托脱手飞出,又"咯咯咯"在桌上几旋几转,每个茶托上已放好茶碗,动作神速利索,如耍魔术一般。现在成都鹤鸣茶社茶博士吴登芳师傅一次最多可以捡24副茶碗抱在胸前,人称"双龙抱柱"。

喝盖碗茶时应左手托茶沿,右手拇指中指提起茶盖,在碗面、碗沿上轻轻拨动,发出声响,然后将茶盖半沉入水中,由里向外慢慢滑动,这时只见绿波翻涌,翠叶沉浮,幻影游动。饮茶时将茶碗送到嘴边,从茶碗与茶盖的缝隙中品茶,茶水于舌边、舌根回荡。如此分三次吞下,咕咕有声,此时口中是暗香飘动、芬芳乱窜。行家们称此招为"三吹三浪"。盖碗茶流传于民间后,更丰富了其内涵,形成了特殊的茶语。茶盖在茶托上翻转竖立插靠在茶碗边上,表示续水;茶盖仰放在茶碗旁表示请留座;茶盖平放在碗旁表示买单结账;茶碗、茶盖、茶托三件完全不动,表示请不要打扰;茶碗、茶盖、茶托三者分开摆成一条线表示茶不好或服务不好,不满意。

(三)长嘴壶茶艺

长嘴壶又称长流壶。一般为铜质,也有陶土、瓷器、金银具、锡壶、铁壶、镔铁壶、铜壶等。据说还有脱胎漆器的长嘴壶,现在常见的长嘴壶为铜壶。古代有过无嘴的泡茶水器,一般无嘴或出水口稍见突出,可称为无嘴壶。从有茶馆的记载开始,为了掺茶添水方便,茶壶的嘴从原来的无嘴到几尺长,慢慢发展成长嘴壶。长嘴壶在我国流行很广,以浙江、江苏、安徽、江西、四川、重庆、贵州、青海、宁夏等省(区)较盛。

1. 起源

长嘴壶起源于何时何地迄今未见确切的文献记载。后人只能从民间口头传闻和少数茶人世家的家谱中略知一二。流行的说法虽都来源于传闻,但还比较合理。

传说一。

长嘴壶产生于晚唐五代时期文人雅士的茶事活动中。从公元756年"安史之乱"起,中原战乱频频,而四川处于战乱后方,社会相对安定。晚唐五代的成都,是婉约艳媚著称的"花间派"词人基地。词坛颂袖之一的韦庄和温庭筠并称"温韦",即是前蜀的高官吏部侍郎。当时达官贵胄骚人墨客过着安闲游乐的生活,他们常以"琴棋书画、诗酒剑茶",以及射覆、投壶、行令等游戏会友娱客。为适应频繁兴盛的茶会、茶宴等茶事活动,逐渐把壶嘴加长,产生了长嘴壶。

传说二。

四川自古物丰民富,成都为四川省会,在隋唐时候即有"扬一益二"之说。成都周围,岷江、沱江水网密布,市镇罗列,舟楫便利,航运商贸发达。江岸茶馆遍及河埠码头,但茶客多为过往商贾旅客,行色匆匆或者焦急候船,时间紧迫,船到就走。或者行船停靠,商家水手蜂拥上岸,急寻茶水解渴,稍事休息,又要登程。特别是夏秋水涨船多,人客更旺,茶馆常顾客盈门。老板为满足客人需要,于是长嘴壶应运而生。

传说三。

北宋时,首都汴京(今河南开封)是当时世界上最繁华的城市。人口众多,商业繁盛,勾栏瓦舍,茶坊酒肆鳞次栉比,人来客往,摩肩接踵。在拥挤的茶堂中,茶博士使用长嘴壶为客人掺茶添水十分便利。据说当时长长的壶嘴还有弯曲的,相当别致,有一定的形态讲究适应茶客的审美情趣。南宋首都临安(今杭州)享有"上有天堂,下有苏杭"的美誉,十分繁荣,江南文风鼎盛,江浙又产名茶,饮茶之风亦盛,长嘴壶茶艺有了发展。文人侠士谈诗聆曲品茗论剑,同时,使用和把玩长嘴壶,"以壶为剑""以剑为壶"。

2. 四川长嘴壶

清末民初开始一直延续到20世纪50—60年代,成都茶馆一般多用一尺(约33厘米)到一尺五寸(50厘米)的铜壶为客人掺茶添水。而沿沱江、长江、嘉陵江沿岸城市的茶馆就喜用两尺甚至更长壶嘴的铜壶掺茶。这和各地区茶馆的桌椅板凳、茶馆规模有关,比如成都茶馆用的是较矮的竹椅、竹桌;而川东、川南用大的方桌和长板凳,方桌和长板凳较高,也就使长嘴壶掺茶技艺发挥很好的作用。现在一尺左右的长嘴壶越来越少,而根据茶馆掺茶和表演的需要,长嘴壶的长度大都保持在"三尺长壶"左右。有人曾这样描述道:"四川茶馆又别有风情。饮的是盖碗茶。茶博士的冲茶手艺也特别:客人落座,看清人数,左臂一叠碗盏,右手一把铜壶,走将过来,啪啪啪啪,单手一甩,茶托便放齐了。然后放好茶碗,投上叶子,高高地举起长嘴铜壶,远远地离碗足有两尺距离,'唰'的一声便将沸水冲去。外乡人没看惯不免害怕,担心沸水溅到身上,殊不知这一切动作有惊无险,来得干净利落,一滴不溅,半点不流,那真叫高,实在是高。"

3. 四川长嘴壶功夫茶艺

随着时代的发展,长嘴壶掺茶已经从实用性上升到观赏性,从技术上升到艺术。长嘴壶的表演水平不断提高,内容日益丰富,茶博士从模仿武术功夫,戏曲身法,舞蹈动作逐渐发展提炼规范成固定的招式,又给各种招式取了一些容易记忆富有内涵的名称,如"高山流水"

"苏秦背剑"等。这些名称有武术的张扬，美术的视角，舞蹈的优美，往往一个动作体现出一个典故，一则故事，一段历史，一番哲理。长嘴壶掺茶已经升华为"长嘴壶茶艺表演"，享誉中外。

长嘴壶茶艺走出国门进行国际文化交流，传播友谊。让世界更加了解中国民间民俗文化，了解中国。20世纪80年代以来，长嘴壶茶艺表演从四川走向全国，走向世界。新加坡、马来西亚、泰国、澳大利亚、新西兰、日本、俄罗斯、法国等国家都有中国茶艺人和长嘴壶茶艺表演的足迹和身影。

四、茶叶的种类

在中国漫长的茶叶历史发展过程中，历代茶人创造了各种各样的茶类，在长期的封建制度下又出现了各种"贡茶"，加上我国茶区分布很广，茶树品种繁多，制茶工艺技术不断革新，便形成了丰富多彩的茶类。

就茶叶品名而言，从古至今已有上千种之多，但目前世界上还没有规范化的茶叶分类方法。有的根据制造方法不同和品质上的差异分类，将茶叶分为绿茶、红茶、乌龙茶（即青茶）、白茶、黄茶和黑茶六大类。有的根据出口茶的类别分类，将茶叶分为绿茶、红茶、乌龙茶、白茶、花茶、紧压茶和速溶茶七大类。但根据中国茶叶学术界多数学者的意见，将中国茶叶分为基本茶类和再加工茶类两大部分。所谓基本茶类，是以茶鲜叶为原料，经过不同的制造（加工）过程形成的不同品质成品茶的类别，包括绿茶、白茶、黄茶、乌龙茶、黑茶和红茶。所谓再加工茶类，是以基本茶类的茶叶为原料，经过不同的再加工而形成的茶叶产品类别，包括花茶、香料茶、紧压茶、萃取茶、果味茶、药用保健茶和含茶饮料。

（一）绿茶

绿茶属于不发酵茶，是以适宜茶树新梢为原料，经杀青、揉捻、干燥等典型工艺过程制成的茶叶。其干茶色泽和冲泡后的茶汤、叶底以绿色为主调，故名绿茶。是我国产量最多的一类茶叶，全国近20个省份生产绿茶，其中以江苏、浙江、安徽、四川产量较高，质量较优，为我国绿茶生产的主要基地。我国绿茶的花色品种居世界之首，每年出口20多万吨，占世界茶叶市场绿茶贸易量的70%左右，深受国内外消费者的欢迎。

1. 加工工艺

杀青：用高温的方法将茶叶中的氧细胞杀死，使茶叶的色、香、味稳定下来。杀青方法有炒青、烘青、蒸青、晒青。

揉捻：将茶叶中的叶细胞揉碎，使茶汁覆在茶叶的表面，改变、固定茶叶的形状。

干燥：让水分完全消失，茶叶的水分含量不超过3%—5%，有利于茶叶的保存。

2. 绿茶的营养

绿茶较多地保留了鲜叶内的天然物质。其中茶多酚、咖啡因保留85%以上，叶绿素保留50%左右，维生素损失也较少，从而形成了绿茶"清汤绿叶，滋味收敛性强"的特点。最新的科学研究结果表明，绿茶中保留的天然物质成分，对抗衰老、防癌、抗菌、杀菌、消炎等均有特殊效果,为其他茶类所不及。适合年轻人、常用电脑的工作人员、吸烟饮酒这类人饮用。

(二)红茶

红茶属于全发酵茶,是以茶树的芽叶为原料,经过萎凋、揉捻(切)、发酵、干燥等典型工艺过程精制而成,因其干茶色泽和冲泡的茶汤以红色为主调,故名红茶。世界上最早的红茶由中国福建武夷山茶区的茶农发明,名为"正山小种"。红茶种类较多,产地较广,祁门红茶闻名天下,工夫红茶和小种红茶处处留香,此外,从中国引种发展起来的印度、斯里兰卡产地的红茶也很有名。

1. 加工工艺

萎凋:红茶采用日光萎凋,首先让茶叶蒸发一部分水。

揉捻:将茶叶中的叶细胞揉破,揉捻出形状。

发酵:让茶叶充分和空气中氧气接触产生氧化作用。

渥红:以绿叶红变为主要特征的生化变化过程。经过发酵,叶色由绿变红,形成红茶"红叶红汤"的品质特点。

干燥:烘干使水分消失,达到干燥的目的,有利于茶叶的保存。

2. 红茶的营养

红茶可以帮助胃肠消化、提高食欲,可利尿、消除水肿,并有强壮心肌的功能。适合饭前、空腹及日常饮用,更适宜冬季品饮,有暖胃的功效。

(三)乌龙茶

乌龙茶,亦称青茶、半发酵茶,是中国六大茶类中独具鲜明特色的茶叶品类。经过采摘、萎凋、摇青、杀青、揉捻、干燥等工序精制而成。乌龙茶综合了绿茶和红茶的制法,其品质介于绿茶和红茶之间,既有红茶的浓鲜味,又有绿茶的清香,并有"绿叶红镶边"的美誉。品尝后齿颊留香,回味甘鲜。乌龙茶为中国特有的茶类,主要产于福建、广东和台湾三省。现除内销广东、福建等省外,主要出口日本、东南亚等地区。

乌龙茶由宋代贡茶龙团、凤饼演变而来,创制于 1725 年(清雍正年间)前后。据福建《安溪县志》记载:"安溪人于清雍正三年首先发明乌龙茶做法,以后传入闽北和台湾。"另据史料考证,1862 年福州即设有经营乌龙茶的茶栈,1866 年台湾乌龙茶开始外销。

1. 加工工艺

萎凋:采摘成熟的叶片必须在阳光下进行晒青,将茶的青草气挥发掉,茶的清香气散发出来,才能形成乌龙茶特有的香气。

发酵:进行摇青、晾青的做青技术,乌龙茶底叶的绿叶红镶边是通过摇青技术而来的。

杀青:将茶叶放入炒青锅内用高温将茶叶中的细胞杀死,稳定茶叶品质。

揉捻:球形或半球形的茶需加布包起来揉捻,形成茶叶的形状。

干燥:将茶叶烘干,使水分消失,初制茶形成。

2. 乌龙茶的营养

乌龙茶含有茶多酚类、茶多糖、茶氨酸、儿茶素类、咖啡因、植物碱等成分,具有调节血脂、降低胆固醇、醒脑提神等功效。乌龙茶的药理作用,还突出表现在分解脂肪、减肥健美等方面,在日本被称为"美容茶""健美茶"。

（四）黑茶

黑茶属于后发酵茶,是我国特有的茶类,生产历史悠久。主要产于湖南、湖北、四川、云南等地,制成紧压茶主要供边区少数民族饮用,成为藏族、蒙古族和维吾尔族等兄弟民族日常生活的必需品,又称边销茶。黑茶原料一般比较粗老,加之制造过程中往往堆积发酵时间较长,因而叶色油黑或黑褐,故称黑茶。根据产区和工艺可分为湖南黑茶、湖北老青茶、四川边茶、滇贵黑茶和云南普洱茶等类别。

1. 加工工艺

杀青: 用低温的方法将茶叶轻轻炒制。

揉捻: 将茶叶中的叶细胞揉碎,使茶汁覆在茶叶的表面,改变茶叶的形状。

晒青: 将揉捻好的茶青曝晒在阳光下。

渥堆: 是决定黑茶品质的关键工序,渥堆时间的长短、程度的轻重,会使成品茶的品质有明显差别。

干燥: 茶叶经蒸压后进行的步骤,目的是让水分完全消失,有利于茶叶的保存。

2. 黑茶的营养

黑茶具有降脂减肥、增强肠胃功能、提高机体免疫力、降血压、降血糖等保健作用。

（五）白茶

白茶属轻微发酵茶,是我国茶类中的特殊珍品。它对茶树鲜叶原料有特殊要求,需采摘嫩芽及其以下 1—2 片满披白毫的嫩叶,这样采制而成的茶叶外表满披白色茸毛,使其色白隐绿,汤色浅淡,滋味醇和。白茶素有"绿妆素裹"之美感,且芽头肥壮,汤色黄亮,滋味鲜醇,叶底嫩匀。冲泡后品尝,滋味鲜醇可口。

1. 加工工艺

萎凋: 要求严格。不能重叠,不能翻拌。

干燥: 当萎凋达到七八成干时,进行并筛晾干或烘干。

2. 白茶的营养

白茶中茶多酚的含量较高,它是天然的抗氧化剂,可以起到提高免疫力和保护心血管等作用。白茶中还含有人体所必需的活性酶,可以促进脂肪分解代谢,有效控制胰岛素分泌量,分解体内血液中多余的糖分,促进血糖平衡。白茶属凉性茶,内含多种氨基酸,具有退热、祛暑、解毒的功效。白茶的杀菌效果好,多喝白茶有助于口腔的清洁与健康。

（六）黄茶

黄茶属部分发酵茶,发酵度为 10%,发酵度不高,具有黄汤黄叶的特点。黄茶是中国特有茶类之一,自唐代蒙顶黄芽被列为贡品以来,历代有产。原料为带有茸毛的芽头、芽或芽叶制成。制茶工艺类似绿茶,但多了一道闷黄,即鲜叶、杀青、揉捻、闷黄(或在杀青后,或在干燥中途)、干燥。闷黄是在温、热、闷、蒸作用下,叶绿素被破坏而产生变化,成品茶叶呈黄色或绿色,闷黄工序还令茶叶中游离氨基酸及挥发性物质增加,使得茶叶滋味甜醇,香气馥郁,汤色呈杏黄色或淡黄色。

1. 加工工艺

杀青:用高温的方法将茶叶中的氧细胞杀死,使茶叶的色、香、味稳定。

揉捻:将茶叶中的叶细胞揉碎,使茶汁覆在茶叶的表面,改变、固定茶叶的形状。

闷黄:将杀青、揉捻或初烘后的茶叶趁热堆积,使茶坯在湿热作用下逐渐黄变。

干燥:让水分完全消失,达到水分含量的 3%—5%,有利于茶叶的保存。

2. 黄茶的营养

黄茶中富含茶多酚、氨基酸、可溶糖、维生素等丰富营养物质,对防治食道癌有明显功效。此外,黄茶鲜叶中天然物质保留有 85% 以上,而这些物质对防癌、抗癌、杀菌、消炎均有特殊效果,为其他茶叶所不及,黄茶属凉性茶,适合免疫力低下者、长期从事电脑工作者饮用。

(七)加工茶类

1. 花茶

花茶又名"窨花茶""香片"等,用茶叶和香花进行窨制,使茶叶吸收花香而制成的花茶。集茶味与花香于一体,茶引花香,花增茶味,相得益彰。既保持了浓郁爽口的茶味,又有鲜灵芬芳的花香。冲泡品饮,花香袭人,甘芳满口,令人心旷神怡。这种花茶富有花香,以窨的花种命名,如茉莉花茶、牡丹绣球、桂花乌龙茶、玫瑰红茶等。

在花茶制作过程中,鲜花选用当天采摘的成熟花朵,经过摊、堆、筛、凉等维护和助开过程,使花朵开放匀齐,再与茶坯按一定配比拌和均匀,堆积静置,让茶坯尽量吸收鲜花持续吐放的香气。最后筛去花渣,完成一个窨次。

2. 紧压茶

紧压茶亦称"压制茶",是散茶或半成品茶经蒸压而制成一定形状的团块茶。我国古代就有紧压茶生产。唐代的蒸青团饼茶、宋代的龙团风饼茶,都是采摘茶树鲜叶,经蒸青、捣研、压模成型、烘干而成的。现代的压制茶,大多是以已加工成的黑毛茶、绿毛茶、红毛茶等为原料,再经过蒸软压制而成的。目前我国的压制茶有沱茶、普洱方茶、茯砖茶、六堡茶、紧茶、圆茶、饼茶、固形茶等。紧压茶主销西藏、新疆、甘肃、内蒙古等地,外销俄罗斯、蒙古等国。

3. 萃取茶

以成品茶或半成品茶为原料,用热水萃取茶叶中的可溶物,过滤弃去茶渣,获得的茶汁,经浓缩、干燥、制备成固态或液态茶,统称萃取茶。主要有罐装饮料茶、浓缩茶及速溶茶。

五、茶叶冲泡基础知识

（一）泡茶要素

泡茶可以因时、因地、因人的不同而有不同的方法。泡出一壶好茶有三大要素。第一是茶叶的用量,第二是用水的温度,第三是浸泡的时间。

1. 茶叶用量

1）茶量

泡茶时茶叶的用量可以依个人喜好的浓度、沏泡什么样的茶而定。如果是紧结的半球形或球形茶叶,约放茶壶的二分之一或三分之一;如果是外形疏松的茶叶,用量可增多。另外茶叶的用量取决于茶壶的大小,人多用大壶,人少用小壶。小壶的用茶量,以放半壶茶叶为标准。

2）出汤时间

第一泡45秒即可倒出来,第二泡要加15秒,以此类推。意思是第二泡以后要逐步增加时间,才能使每泡茶汤浓度相同。目前公认的冲泡标准是用150毫升开水冲泡3克茶叶,共浸泡5分钟,依据这个标准加以变化即可。还有一点要特别注意,当茶泡到喜欢的浓度后,要一次把茶汤全倒出来,否则一直泡着,原本可以泡三次的茶叶浓缩在一次茶汤里,茶汤浓度就太高了。

另外,用茶量的多少,还要因人而异。如果饮茶人是老茶客,或是体力劳动者,一般可以适当加大用茶量,泡上一杯浓香的茶汤;如果饮茶者是脑力劳动者,或无喝茶习惯的人,可适当少放一些茶叶,泡上一杯清香而醇和的茶汤。

2. 水的温度

一般来说,泡茶水温的高低,与茶叶种类及制茶原料密切相关。针对较粗老原料加工而成的茶叶,宜用沸水直接冲泡;用细嫩原料加工而成的茶叶,宜用降温以后的热水泡茶。

具体来说,对用粗老原料加工而成的砖茶,打碎以后用沸水冲泡,也很难将茶汁浸泡出来。所以,喝砖茶时,须先将打碎的砖茶放入容器,加入一定量的沸水,再经煎煮,方能饮用。

1）乌龙茶冲泡

用新梢快要成熟时的茶叶加工成的乌龙茶,采用95 ℃的热水直接冲泡也会觉得温度偏低。因此一些比较讲究喝乌龙茶的茶客,常常将茶具烫热后再泡茶。

2）红茶、绿茶、花茶冲泡

大宗红茶、绿茶和花茶的采制原料适中,可用90 ℃左右的热水冲泡。至于比较细嫩的高档红茶、绿茶,特别是一些细嫩名茶,如洞庭碧螺春、西湖龙井、南京雨花茶、君山银针等,如果用沸水泡茶,会使茶叶泡熟变色,茶叶中的维生素等营养成分也会遭到破坏,从而使茶的清香和鲜爽味降低。所以在冲泡细嫩名茶时,一般用温度70—80 ℃的热水冲泡即可。这样可使茶汤清澈明亮,香气纯而不钝,滋味鲜而不熟,叶底明而不暗。

如何判断水的温度呢?可先用温度计来测量温度,等熟练之后就可凭经验来判断了。当然所有的泡茶用水都需要先煮开,以自然降温的方式来达到控温的效果。

3. 浸泡时间

茶叶中所含有的效成分能够利用多少,与茶叶浸泡时间的长短有很大的关系。根据研究测定,茶叶经沸水冲泡后,首先从茶叶中浸出维生素、氨基酸、咖啡因等物质,一般浸泡到3分钟时,上述物质在茶汤中已有较高的含量。由于这些物质的存在,使茶汤喝起来有鲜爽醇和之感,但不足的是缺少茶汤应有的刺激味。以后,随着茶叶浸泡时间的延长,茶叶中的茶多酚类物质陆续被浸出,一般当茶叶浸泡到5分钟时,茶汤中的多酚类物质已相当高了。这时的茶汤,喝起来鲜爽味减弱,苦涩味相对增加。

1）总体原则

茶叶中各种物质在沸水中浸出的快慢,与茶叶的老嫩和加工方式密切相关。一般来说,细嫩的茶叶比粗老的茶叶更容易浸出茶汁,浸泡时间宜短些;松散型的茶叶比紧压型的茶叶的茶汁容易浸出,浸泡时间宜短些;碎末型的茶叶比完整型的茶叶的茶汁容易浸出,浸泡时间宜短些。

2）红茶、绿茶

对普通等级的红茶、绿茶来说,经浸泡三四分钟后饮用,就能获得最佳的味感。与普通茶叶相比,高级细嫩名茶应将茶量适当减少,采用茶具小、水量少、浸泡时间短、泡后不加盖等冲泡原则。

3）乌龙茶、花茶

对于注重香气的茶叶（乌龙茶、花茶）,泡茶时为了不使花香散失,不但需要加盖,而且冲泡时间不宜长,通常二三分钟即可。

4）紧压茶

对于紧压茶（如各种砖茶）不重香气,只求溢味,所以一般采用煎煮方法烹茶,甚至采用长时间炖茶的方式。

5）白茶

对于白茶,在冲泡时要求水的温度在70℃左右。一般在四五分钟后,浮在水面的茶叶才开始徐徐下沉,这时,品茶者应以欣赏为主,观茶形,察沉浮,一般10分钟之后,方可品饮茶汤。否则饮用起来淡而无味,这是因为白茶加工未经揉捻,茶汁很难浸出,以至浸泡时间须相对延长,同时只能冲泡一次。

另外,红茶中的红碎茶,多用来调制奶茶;绿茶中的颗粒绿茶,多用来制成袋泡茶,它们在加工过程中经充分揉捻沸水切细,一经沸水冲泡,茶汁出尽,因此,浸泡时间宜短,而且一般只能冲泡一次。

4. 冲泡次数

茶叶冲泡的次数,应根据茶叶种类和饮茶方式而定。据试验测定,第一次冲泡后,茶汤中的水浸出物大约可占茶叶可溶物的55%;第二次一般为30%左右;第三次一般为10%;第四次只有1%—3%。就茶叶的主要营养成分而言,茶叶中的维生素C和氨基酸,经第一次冲泡后,已有80%左右被浸出;第二次冲泡后,95%以上被浸出。其他成分（如茶多酚、咖啡因等）经三次冲泡后,已几乎全部浸出。因此从茶叶的香气、滋味而言,一般是第一泡茶香味鲜爽,第二泡茶浓而不鲜,第三泡茶香尽味淡,第四泡茶缺少滋味,至于第五泡、第六泡已无多少品饮价值了。

对于各种袋泡茶和红碎茶,由于这类茶中的内含成分很容易被沸水浸出,一般都是冲泡一次就将茶渣滤去再重泡;对于条形绿茶如眉茶,花茶以及乌龙茶,茶汁浸出较慢,通常可浸泡二三次;对于一般大宗茶类,以三次冲泡为限。总体说来,花茶可连续冲泡二三次,乌龙茶可连续冲泡四五次,白茶只能冲泡一两次。

(二) 泡茶用水

名泉大多是因泡茶被发觉的,水质的好坏直接反映茶的色、香、味,尤其对茶汤的滋味影响很大。泡茶用水究竟以何种为好,自古以来就引起人们的重视和兴趣。陆羽在《茶经》中写道:"其水,用山水上,江水中,井水下。其山水,拣乳泉,石池慢流者上。"宋徽宗赵佶在《大观茶论》中写道:"水以清轻甘洁为美,轻甘乃水之自然,独为难得……但当取山泉之清洁者。"

1. 古人选水

历代茶人在研究茶品的同时也注重研究水品。这些鉴水专家研究的结论可归纳为"源清、水甘、品活、质轻"是为好水。

1) 清

"清"是对饮茶用水的最基本要求,澄澈无垢之水才能显出茶汤本色。质地洁净之水,澄之无垢,搅之不浑。宋代盛行的斗茶首先以水的清洁作为斗茶输赢的第一标准。古人创造了多种方法以得到"清"水,比如陆羽《茶经》中所提的漉水囊,是饮茶煎水前用来过滤水中杂质的一种茶具。

2) 活

"活"即流动的水,不可为死水。宋代唐庚的《斗茶记》写道:"水不问江井,要之活贵。"水虽贵活,但"波涛湍急、瀑布飞泉,或舟楫多处"的"过激水"苦浊不堪,会覆盖茶叶的灵气,不适合烹茶。

3) 轻

"轻"即轻水,重水含有较多的矿物质,若用重水泡茶,会使茶多酚与金属离子结合产生沉淀,使茶汤变浑,茶味变淡。古人测量水质轻重自有一套,比如乾隆有一套特制银质小斗,对比大江南北各大名泉的水样,得出北京西郊玉泉山西南麓的泉水水质最轻。

4) 甘

即甘香寒冽。北宋蔡襄在《茶录》中说:"水泉不甘,能损茶味。"寒冽的甘泉是从地表深层沁出,水质好,温泉则含硫黄等矿物质,不可饮。

2. 现代人选水

喝茶已成为现代人人生中不可缺少的一部分,但我们饮用山泉水、江水、雪水等天然水的机会太少了,很多名泉地都开发了桶装泉水,我们可以根据自己的情况选用。另外矿泉水、纯净水以及家里的自来水也是现代人泡茶的主要用水。

1) 矿泉水

使用矿泉水泡茶是不错的选择,茶汤不仅没有涩味,且茶味醇正鲜美。由于矿泉水中含有钙镁离子等微量元素,与茶叶中的氨基酸发生一定的作用,会使茶色变深,但不影响口味和口感,且茶中所含对人体有益的微量元素不会改变。泡茶时也可选择用离子交换器除去矿泉水中的钙离子和镁离子。

2）纯净水

纯净水酸碱度中性。用这种水泡茶，不仅因为净度好、透明度高、沏出的茶汤晶莹透彻，而且香气滋味纯正、无异杂味、鲜醇爽口。市面上纯净水很多，大多宜泡茶。

3）自来水

自来水含有用来消毒的氯气等，在水管中滞留较久的自来水，还含有较多铁。当水中的铁离子含量超过万分之五时，会使茶汤呈褐色，而氯化物与茶叶中的多酚类作用，又会使茶汤表面形成一层"锈油"，喝起来有苦涩味。对于自来水中的异味，可将自来水放一晚上，等氯气自然发散，再用来煮，效果就大不一样了。或者在煮水时待水沸腾以后多煮几分钟，也能使异味减小。

（三）茶具的选择

工欲善其事，必先利其器。好水、名茶应该有精美的茶具相匹配，以精美的茶具来衬托好水、佳茗的风韵，是一种生活艺术的享受。

1. 主泡器

表 1-2 所示为主泡器分类表。

表 1-2　主泡器分类表

序号	名称	分类	用途	图例
1	茶壶	紫砂壶	适合沏泡乌龙茶或普洱茶	
		瓷壶	适合沏泡红茶、中档绿茶或花茶	
		玻璃壶	适合沏泡花草茶、红茶或高档绿茶	
		盖碗	适合沏泡绿茶、白茶等	

续表

序号	名称	分类	用途	图例
2	茶船 （茶盘）		多以木质，也有陶制、石头等材质；主要放置各类茶具，如茶杯、茶壶等	
3	闻香杯		常见的有瓷、陶、紫砂、玻璃等材质，主要用于嗅闻茶香	
4	品茗杯		常见的有瓷、陶、紫砂、玻璃等材质，主要用于品尝茶汤	
5	茶垫 （杯托）		多以木质，也有陶、瓷、陶、紫砂等材质；主要用于垫茶杯，使茶杯不直接接触桌面，以免烫到手或烫坏桌面	
6	茶海 （公道杯）		有紫砂、陶、瓷、玻璃等材质；主要是盛放泡好的茶汤，起到中和、均匀茶汤的作用	
7	滤网		有瓷、不锈钢、陶等材质；主要放在茶海上与茶海配套使用，用于过滤茶渣	
8	水方 （水盂）		有紫砂、瓷、木头等材质；主要用来盛放用过的水及茶渣，类似于茶船	

序号	名称	分类	用途	图例
9	壶承		有紫砂、陶、瓷等材质;主要用来盛放茶壶,可用来承接泡茶的废水,避免水弄湿桌面	

2. 辅助用具

表 1-3 所示为辅助用具分类表。

表 1-3　辅助用具分类表

序号	名称	类别	用途	图例
1	茶道组	茶则	用来盛取茶叶	
		茶匙	协助茶则将茶叶拨至泡茶器中	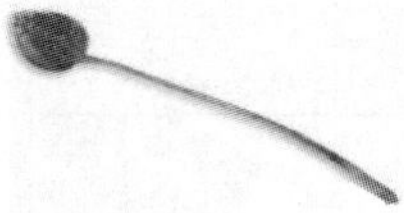
		茶夹	代替手清洗茶杯,将茶渣从泡茶器皿中取出	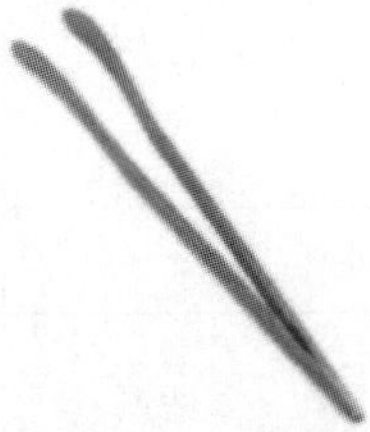
		茶漏	扩大壶口的面积,防止茶叶外溢	
		茶针	当壶嘴被茶叶堵住时用来疏通	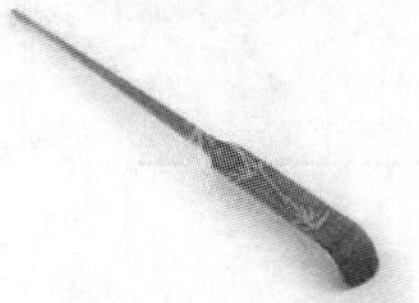

续表

序号	名称	类别	用途	图例
2	茶荷		有瓷、紫砂、玉等材质;用来欣赏干茶	
3	茶巾		一般为棉、麻质地;主要用来擦拭在泡茶过程中出现在桌面上的水渍、茶渍	
4	茶仓 (茶叶罐)		有瓷、紫砂、陶、铁等材质;主要用来盛装、储存茶叶	
5	茶刀 (普洱刀)		有牛角、不锈钢、骨质等材质;主要用来撬取紧压茶的茶叶	
6	茶趣		一般为紫砂质地,造型各异;主要用来装饰、美化茶桌、在泡茶过程中增加茶趣	

3. 备水器

表1-4所示为备水器分类表。

表1-4　备水器分类表

序号	名称	类别	用途	图例
1	随手泡		质地有不锈钢、铁、陶和耐高温的玻璃材质。热源有酒精、电热和电磁炉;主要用于煮水和加热凉水	

续表

序号	名称	类别	用途	图例
2	废水桶		一般有不锈钢、塑料、竹木等材质。用一根塑料软管接在设有茶盘的茶船上,用来贮存泡茶过程中的废水	

任务实施

1. 以小组为单位,相互介绍国内各省的茶文化。
2. 以小组为单位,相互介绍茶的种类以及其区别。

活动评价

学生活动评价表见表1-5。

表1-5 学生活动评价表

评价内容	评价标准	自评	小组评价	教师评价
茶文化介绍	条理清晰			
	表达流畅			
	亲切友好			
	仪态大方			
茶的种类及区别	条理清晰			
	表达流畅			
	亲切友好			

任务拓展

主题:走进当地茶馆,用心体验或用手机记录当地茶馆特有的茶馆文化,形成文字资料和PPT,课前5分钟分享。

项目小结

本项目通过走进茶馆、储备茶知识等任务的完成,让学生能够基本了解茶馆、茶叶分类、茶叶冲泡的相关知识,为后面的学习打下基础。

项目训练

一、走访茶馆,画出茶馆的布局图。

二、识记茶叶分类、茶艺冲泡的基础知识,了解茶文化。

项目二
走 进 绿 茶

 项目目标

职业知识目标：

1. 掌握绿茶的基础知识。

2. 掌握绿茶的茶具选择与茶席布置的基础知识。

3. 掌握绿茶的服务礼仪及冲泡流程基础知识。

4. 掌握四川名优绿茶的产地、特性与鉴别的基础知识。

职业能力目标：

1. 能熟练选择适合绿茶的茶具为宾客提供服务准备。

2. 掌握茶艺服务礼仪，能正确完成冲泡流程。

3. 能熟练介绍名优绿茶并冲泡。

职业素养目标：

1. 培养热爱家乡茶文化的意识。

2. 逐步形成为客人服务的茶艺礼仪素养。

3. 养成善于思考、应变的能力。

知识框架

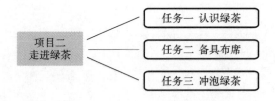

教学重点

1. 绿茶的基础知识。

2. 名优绿茶的产地、特性与鉴别。

3. 茶艺服务礼仪,熟练介绍名优绿茶并冲泡。

教学难点

绿茶知识　名优绿茶　茶事礼仪

项目导入

"扬子江心水,蒙山顶上茶"是中国著名的茶联。诗中的"蒙顶茶"是四川蒙山各类名茶总称,其中品质上乘者为甘露、黄芽,而甘露就属于绿茶类。

任务一 认 识 绿 茶

任务引入

王肖初次游历蒙顶山,对千古名茶"蒙顶甘露"非常好奇,在游客接待中心找了一位讲解员,想详细了解蒙顶甘露的由来。

我们一起来认识一下以蒙顶甘露为代表的中国绿茶。

理论知识

一、绿茶的产地及代表

绿茶是我国历史最悠久、产量最大、品种最多的茶类。维生素含量居茶类之首,矿物质亦然,曾为"劳保饮料"。主要分为四大核心产区,分别是华南、西南、江南、江北。

(一)西湖龙井

产地:杭州西湖。

西湖龙井(见图 2-1)主要产于浙江杭州西湖的狮峰山、翁家山、虎跑、梅家坞、云栖、灵隐一带的群山之中,这里气候温和,雨量充沛,光照漫射,每年都能产出极品的西湖龙井。西湖龙井又有"龙井四绝"——色绿、香郁、味甘、形美。

图 2-1　西湖龙井

(二) 信阳毛尖

产地:河南信阳。

信阳毛尖(见图 2-2)主要产地在信阳市浉河区(原信阳市)、平桥区(原信阳县)和罗山县,因为信阳茶区的五大茶社产出品质上乘的本山毛尖茶,于是将其命名为"信阳毛尖"。信阳毛尖有"细、圆、光、直、多白毫、香高、味浓、汤色绿"的独特风格,也是中国十大名茶之一。

图 2-2　信阳毛尖

(三) 碧螺春

产地:江苏省苏州市吴县(现吴中区)太湖的东洞庭山及西洞庭山一带。

碧螺春茶(见图 2-3)已有 1000 多年的历史,早在唐朝时就被列为贡品。碧,指其色泽;

螺,指其形状;春,指其采摘时间为早春。它是绿茶中最嫩的,只需用 75—85 ℃的水冲泡。其茶水银澄碧绿,清香袭人,口味凉甜,鲜爽生津,引无数茶友为之折腰。

图 2-3　碧螺春

（四）庐山云雾

产地:江西省九江市庐山。

庐山云雾茶(见图 2-4)是汉族的传统名茶,始于汉朝,在宋代时被选为贡茶。其条索秀丽紧实、茶芽肥厚、色泽绿润且茶毫显著,香气凛然持久,冲泡后茶汤浅黄清透,入口滋味浓厚鲜醇,香气宛如幽兰清幽典雅。

图 2-4　庐山云雾

（五）六安瓜片

产地：安徽六安。

六安瓜片（见图 2-5）的主产地在安徽省六安市大别山一带，以蝙蝠洞产茶区生产的六安瓜片最为正宗，因为形似瓜子而得名。冲泡后，茶汤黄绿清透，茶香清芬扑鼻，入口鲜醇，回甜甘润。

图 2-5　六安瓜片

（六）蒙顶甘露

产地：四川境内乐山、宜宾、雅安。

蒙顶甘露（见图 2-6）紧卷多毫，嫩绿润泽，冲泡后汤碧而黄，清澈明亮，香气浓郁，滋味鲜

图 2-6　蒙顶甘露

爽,醇厚回甜,茶汤内叶底嫩绿,秀丽匀整。蒙顶甘露被赞誉为"扬子江中水,蒙顶山上茶",由道士吴理真摘种得名,又名"仙茶"。

二、绿茶的特性

（1）加工:采青——杀青——揉捻——干燥。

干燥的方法有炒干、烘干和晒干三种,因而分为"炒青"（见图 2-7）"烘青""晒青"（见图 2-8）绿茶三种。

图 2-7　炒青

图 2-8　晒青

（2）原料:茶叶,茶芽。

（3）颜色:干茶翠绿,汤色嫩绿。

（4）形状:扁平形、针形、卷曲形、珠形等。

（5）香味:嫩香、花香、清香、熟板栗香等。

（6）性质:绿茶是不发酵茶,由于其特性决定了它较多地保留了鲜叶内的天然物质。其中茶多酚、咖啡因保留了 85％以上,叶绿素保留 50％左右,维生素损失也较少,从而形成了绿茶"清汤绿叶,滋味收敛性强"的特点。对抗衰老、防癌、抗癌、杀菌、消炎等均有特殊效果,为发酵类茶所不及。

三、四川名优绿茶

四川是中国较早种茶、饮茶、售茶的地区,茶文化源远流长,距今已有 2000 多年历史。四川也是我国的茶叶大省,有蒙顶茶、文君绿茶、青城雪芽茶、峨眉竹叶青茶、峨眉毛峰茶、永川秀芽茶等。

（一）蒙顶茶

2017年的首届中国国际茶叶博览会，揭晓了"中国十大茶叶区域公用品牌"评选结果，分别为浙江西湖龙井、河南信阳毛尖、湖南安化黑茶、四川蒙顶山茶、安徽六安瓜片、福建安溪铁观音、云南普洱茶、安徽黄山毛峰、福建武夷山茶、贵州都匀毛尖。蒙顶茶作为四川唯一品牌入选名单。

蒙顶茶是四川蒙顶山各类名茶总称，其中品质上乘者为蒙顶甘露。蒙顶山属邛崃山脉，位于雅安市境内。蒙顶茶自古为茶中珍品，白居易诗云"琴里知闻唯渌水，茶中故旧是蒙山"，民谣又称"扬子江中水，蒙山顶上茶"，可见蒙顶茶名之盛。相传蒙顶茶始于西汉末年，甘露普惠妙济大师，于蒙山中顶上清峰植茶树七株。唐朝开始，至清朝，数千年间，蒙顶茶岁岁为贡茶，在中国茶叶史上为罕见。

蒙顶山之地理环境，古人记载，"仰则天风高畅，万象萧瑟；俯则羌水环流，众山罗绕，茶畦杉径，异石奇花，足称名胜"。尤其名山西部的雅安市，处四川盆地边缘，受西藏高原影响，雨量充沛，常云雾弥漫，适合茶树生长。

蒙顶茶外形紧卷多毫，嫩绿色润。内质香气馥郁，芬芳鲜嫩。冲泡后汤色碧清微黄，清澈明亮，滋味鲜爽，浓郁回甜。汤内叶底嫩芽秀丽、匀整。品种有蒙顶甘露、蒙顶石花、蒙顶毛峰、蒙顶甘露花茶。主要品牌有老茶树茶业的翠芽仙尖系列蒙顶山茶、绿水茉莉甘露花茶、红茶等，畅销各地。

蒙顶茶于唐玄宗天宝元年（公元742年）被钦定为年年必贡的贡茶，历经唐、宋、元、明、清五朝，长达1169年，故一直为以唐宋八大家为代表的文人骚客、历代帝王将相和达官贵人所瞩目，争相咏赞的诗、词、歌、赋多达2000余首，为中国名茶之最，形成了独领风骚的蒙顶茶文化。

蒙顶甘露，茶名最早见于明嘉靖年间。据考证，甘露茶是在总结宋朝创制的"玉叶长春"和"万春银叶"两种茶炒制经验的基础上研制成功的。其采摘时间为春分时节，茶园有5%的茶芽萌发时即开园采摘。标准为单芽或一芽一叶初展。成品茶条索紧卷多毫，叶嫩芽壮，色泽嫩绿油润，冲泡后汤色黄碧，清澈明亮，香馨高爽，味醇甘鲜，为绿茶之珍品。

（二）文君绿茶

文君绿茶产于四川省邛崃市，创制于1979年。因邛崃曾有卓文君与司马相如之佳话，故以茶名为纪念。邛崃市位于成都平原西部的邛崃山脉，有南宝山、花椒堰、平落、油榨、白合等茶叶产区。这里多高山峻岭，亦有部分丘陵，两旁山势巍峨，峰峦叠秀，多云雾。境内竹木苍翠，雨量充沛，土质肥沃，自然环境得天独厚。

文君绿茶采摘标准为一芽一叶为主，一芽二叶为辅。芽叶长2.0—2.2厘米。成品茶条索紧曲，白毫显露，嫩绿油润，冲泡后香气嫩香持久，汤色绿亮，滋味鲜醇回甘，为四川省优质名茶。

（三）青城雪芽茶

青城雪芽茶（见图2-9）产于四川省都江堰市青城山。青城茶最早记载于陆羽《茶经》，宋代即设茶场,并形成成熟工艺。青城雪芽茶为 20 世纪 50 年代创制之新茶,近年又发掘古代名茶生产技艺,按青城茶的特点,吸取传统制茶技术的优点,提高和发展其制作工艺。

青城山海拔 1200 余米,古称"天下第五名山"。峰峦重叠,云雾时隐时现,古木参天,曲径通幽,有"青城天下幽"之称。

青城雪芽茶采摘于清明前后数日,以一芽一叶为标准。要求芽叶全长 3.5 厘米,鲜嫩匀整。青城雪芽茶外形秀丽微曲,白毫显露,冲泡后香浓味爽,汤绿清澈,耐冲泡。

图 2-9 青城雪芽茶

(四)峨眉竹叶青茶

峨眉竹叶青茶(见图 2-10)产于四川省峨眉山,主产区为海拔 800—1200 米的清音阁、白龙洞、万年寺、黑水寺一带。峨眉山产茶始于唐代,陆游曾有诗赞曰"雪芽近自峨眉得,不减红囊顾渚春",将峨眉茶与顾渚紫笋谐美。竹叶青茶是在总结峨眉山万年寺僧人长期种茶制茶的经验基础上发展而成的,于 1964 年由陈毅命名,此后开始批量生产。1985 年第 24 届世界优质食品评选会上获金质奖。

用于制作竹叶青茶的鲜叶十分细嫩,加工工艺精细。一般在清明前 3—5 天开采,标准为一芽一叶或一芽二叶初展,鲜叶嫩匀,大小一致。竹叶青成品茶外形扁平光滑,翠绿显毫,两头尖细,形似竹叶,冲泡后香气高鲜,汤色清明,滋味浓醇,经久耐泡。

(五)峨眉毛峰茶

峨眉毛峰茶(见图 2-11)产于四川省雅安市雨城区凤鸣乡,原名凤鸣毛峰,现改为峨眉毛峰。是近年来创制的蒙山地区的名茶新秀。成品茶条索紧卷,嫩绿油润,银芽秀丽,白毫显露,冲泡后香气鲜洁,滋味浓爽,汤色微黄而碧,叶底嫩绿匀整。该茶销于北京、天津等城市,

图 2-10　峨眉竹叶青茶

图 2-11　峨眉毛峰茶

出口日本等国家和地区。

（六）永川秀芽茶

永川秀芽茶，简称"川秀"，产于重庆市永川区。永川秀芽茶具有外形紧直细秀，色泽鲜润翠绿，芽叶披毫露锋，冲泡后汤色碧绿澄清，香气馥郁悠长，滋味鲜醇回甘，叶底嫩黄明亮的特点。

任务实施

活动目的

为再现茶叶销售中的介绍与对答,老师组织了一次销售情景模拟。通过实训,促使学生运用所学知识点,组织语言介绍绿茶,并且做到仪态大方,语言流畅,达到用人单位的要求。

活动要求

1. 基础训练:5 人一组,讨论总结不同绿茶干茶的品鉴操作,并推测品名。

2. 应变训练:模拟客人的学生可在过程中想出各种合理要求,模拟茶艺师的学生进行应变训练。

活动步骤

1. 分组讨论总结出五种绿茶的干茶特性,推测品名,并填表。

2. 选择其中一款绿茶,模拟客人的学生准备购买询问,模拟茶艺师的学生准备问题应对和介绍内容。

3. 客人提的问题不超过 5 个,茶艺师茶品介绍不超过 3 分钟。

4. 教师使用考核表对茶艺师模拟者进行打分,并公布结果。

5. 小组角色互换。

6. 教师点评。

活动评价

表 2-1 报示为绿茶茶叶鉴别表,表 2-2 所示为绿茶销售模拟考核表。

表 2-1 绿茶茶叶鉴别表

班级		姓名	组别	时间	
序号	项目	细则		得分(10 分制)	记录者
1	颜色				
2	形状				
3	香味				

表 2-2 绿茶销售模拟考核表

实训内容	序号	考核要求	分值	得分
为客人介绍绿茶类	1	绿茶类别	15	
	2	典型绿茶产区	10	
	3	绿茶的特性	65	
	4	仪容仪表及礼节	10	

▨ 任务拓展

1. 以绿茶——蒙顶甘露为例,为客人介绍该茶类的主要特点。
2. 你还知道哪些有名的绿茶?请通过网上查询等方式获得信息并记录下来。

任务二 备 具 布 席

任务引入

　　王肖在品尝了蕊蕊冲泡的蒙顶甘露后,深深爱上了这款名茶,除了想带点伴手礼回去外,还想熟悉这款茶的器具搭配和茶席布置,于是主动和蕊蕊攀谈上。

理论知识

一、器具和材料准备

　　玻璃杯若干(依人数而定)、中型盖碗(玻璃、瓷、陶材质皆可)、品茗杯若干(依人数而定)、茶海(或水盂)、茶叶罐、茶荷、茶道组、随手泡、茶巾。

　　茶席布具(以高玻璃杯冲泡为例)。

(一) 高玻璃杯(见图 2-12)

　　好的绿茶,叶形完整美观,色泽鲜亮,味道鲜爽。为充分展现绿茶的这些特点,可选用透明的玻璃杯来冲泡,适宜绿茶中的针形茶、扁形茶,可欣赏茶叶舒展开来的独特形态。

图 2-12 高玻璃杯

（二）茶荷（见图 2-13）

承装茶叶后，供人欣赏茶叶的色泽和形状，并据此评估冲泡方法及茶叶量多寡，之后才将茶叶倒入壶中。选用与绿茶相得益彰的色泽，以白瓷和青瓷为主。

图 2-13 茶荷

（三）茶道组（见图 2-14）

形状略有起伏的拨棒，用于在冲泡过程中投茶，将取到茶荷里的茶拨入泡茶的器具（盖碗、紫砂壶、玻璃杯等）中。

图 2-14　茶道组

（四）茶叶罐（见图 2-15）

一般多为白瓷，造型众多，选用与绿茶相得益彰的茶叶罐盛放。

图 2-15　茶叶罐

（五）茶巾（见图 2-16）

用麻、棉等纤维制造，茶巾的主要功用是干壶，于酌茶之前将茶壶或茶海底部残留的杂水擦干，亦可擦拭滴落桌面的茶水。

图 2-16　茶巾

以上为绿茶玻璃杯茶艺基本器具，在选用茶席搭配，也应与整体色彩相得益彰。

二、茶席设计

（一）茶品

茶是茶席设计的灵魂，也是茶席设计的思想基础。因茶，而有茶席。因茶，而有茶席设计。茶在一切茶文化以及相关的艺术表现形式中，既是源头，又是目标。茶是茶席设计的首要选择，因茶而产生的设计理念，往往会构成设计的主要线索。

（二）茶具组合

茶具组合（见图 2-17）是茶席设计的基础，也是茶席构成因素的主体。茶具组合的基本特征是实用性和艺术性相结合。实用性决定艺术性，艺术性又服务于实用性。因此，在它的材质、造型、体积、色彩、内涵等方面，应作为茶席设计的重要部分加以考虑，并使其在整个茶席布局中处于最显著的位置，以便对茶席进行动态的演示。

（三）铺垫

铺垫指的是茶席整体或布局物件摆放下的铺垫物，也是铺垫茶席之下布艺类和其他材质物的统称。铺垫的直接作用：一是使茶席中的器物不直接触及桌（地）面，以保持器物清洁；二是以自身的特征辅助器物共同完成茶席设计的主题，增加美感。

（四）插花

插花（见图 2-18）是指人们以自然界的鲜花、叶草为材料，通过艺术加工，在不同的线条

图 2-17　茶具组合

和造型变化中,融入一定的思想和情感而完成的花卉的形象再造。茶席中的插花,也叫茶花,它非同于一般的宫廷插花、宗教插花、文人插花和民间插花,而是为体现茶的精神,追求崇尚自然、朴实秀雅的风格。其基本特征是:简洁、淡雅、小巧、精致。插花不求繁多,只插一两枝便能起到画龙点睛的效果。插花注重线条、构图的美和变化,以达到朴素大方,清雅绝俗的艺术效果。

图 2-18　插花

(五) 焚香

焚香(见图 2-19)是指人们将从动物或植物中获取的天然香料进行加工,使其成为各种不同的香型,并在不同的场合焚熏,以获得嗅觉上的美好享受。焚香在茶席中,其地位一直十分重要。它不仅作为一种艺术形态融于整个茶席中,同时,它美好的气味弥漫于茶席四周的空间,使人在嗅觉上获得非常舒适的感受。香味,有时还能唤起人们意识中的某种记忆,从而使品茶的内涵变得更加丰富多彩。

图 2-19　焚香

（六）挂画

挂画（见图 2-20）又称挂轴。茶席中的挂画，是悬挂在茶席背景环境中书与画的统称。书以汉字书法为主，画以中国画为主。

图 2-20　挂画

人们品茶，从根本上来说，是通过感官来获得感受。但影响感觉系统的因素很多，视、听、味、触、嗅觉的综合感觉，也会直接影响品茶的感觉。综合感觉会生发某种心情。相关挂画不仅能有效地陪衬、烘托茶席的主题，还能在一定的条件下，对茶席的主题起到深化的作用。

（七）茶点茶果

茶点茶果是对在饮茶过程中佐茶的茶点、茶果和茶食的统称。其主要特征是：份量较少、体积较小、制作精细、样式清雅。

（八）背景

茶席的背景是指为获得某种视觉效果，设定在茶席之后的艺术物态方式。茶席的价值是通过观众审美而体现的。因此，视觉空间的相对集中和视觉距离的相对稳定就显得特别重要。单从视觉空间来讲，假如没有一个背景的设立，人们可以从任何一个角度自由欣赏，从而使茶席的角度比例及位置方向等设计失去了价值和意义，也使观赏者不能准确获得茶席主题所传递的思想内容。茶席背景的设定，就是解决这一问题的有效方式之一。背景还起着视觉上的阻隔作用，使人在心理上获得某种程度的安全感。图 2-21 所示为绿茶茶席。

图 2-21　绿茶茶席

任务实施

■ 活动目的

通过茶席布置活动，帮助学生准确认识冲泡绿茶的茶具，并且能够发散思维，精心策划独特的茶席。

■ **活动要求**

小组合作，独立创意。

■ **活动步骤**

1. 发布茶席布置小组任务，主题为"季节"。

2. 分组进行创意策划，给出茶席名称。

3. 从教师准备的物品中进行选择。

4. 小组展示，简述创意。

5. 按照茶席考核表评选较优的三款茶席作为接待使用。

6. 教师点评。

■ **活动评价**

表 2-3 所示为茶具考核表，表 2-4 所示为绿茶茶席综合实训考核表。

表 2-3　茶具考核表

班级	姓名	组别	时间

序号	项目	细则	分值	记录者
1	茶具的分类		40	
2	茶具的功能		40	
3	选择适宜的茶具		20	

表 2-4　绿茶茶席综合实训考核表

班级	姓名	组号	时间

序号	项目	考核标准	分值	得分
1	主题	主题明确，具有新意	10	
2	茶品	选择茶品	15	
3	茶席布置过程	1. 茶席符合所选茶叶的茶性（10 分） 2. 流程紧凑（10 分） 3. 具有一定艺术审美（5 分） 4. 器材齐全（20 分） 5. 能够向客人介绍茶席（10 分） 6. 解说词富有感染力（15 分） 7. 礼仪周到（5 分）	75	

任务拓展

优质的文案能够帮助观众更好地理解茶席布置用意，因此课后请为本小组设计的茶席写一篇文案介绍。

任务三 冲泡绿茶

任务引入

　　王肖在学习蒙顶甘露的冲泡时,对绿茶的茶性、表演型茶艺也想了解,蕊蕊继续耐心地讲解和演示。

理论知识

一、绿茶冲泡要点

　　冲泡绿茶茶与水之比例为1∶50,根据茶叶的嫩度不同分别采用上投法、中投法、下投法进行冲泡。冲泡名优绿茶,应将水温控制在75 ℃—80 ℃。而大宗绿茶,可将水温提高至80 ℃—85 ℃,按照备具、赏茶、温具、置茶、润茶、冲泡、奉茶、品茗流程冲泡。

二、项目实施

（一）冲泡训练

1. 上投法（茶叶一般为卷曲状,如碧螺春、蒙顶甘露）

（1）备具（见图2-22）:玻璃杯若干（依人而定）、茶海（或水盂）、茶叶罐、茶荷、茶道组、随手泡、茶巾。

（2）赏茶闻香（见图2-23）:用茶则从茶叶罐中取出适量茶叶放入茶荷,供客人欣赏干茶外形及香气。

（3）温具（见图2-24）:将玻璃杯一字摆开,逐一倒入1/3杯的开水,然后从左侧开始,逐一洗杯。

（4）冲水（见图2-25）:用"凤凰三点头"高冲注水,水到杯的七成满即可,水温75—80 ℃。

（5）置茶:用茶匙将茶荷中的茶叶一一投入杯中。

图 2-22　备具

图 2-23　赏茶闻香

图 2-24　温具

图 2-25　冲水

（6）温润（见图 2-26）：将茶杯从左侧开始，逐一轻微晃动，有助于茶叶内含物质浸出。

（7）奉茶：右手轻握杯身，左手托杯底，端起玻璃杯，一一奉给客人。

2．中投法（茶叶一般为扁平状、如西湖龙井、竹叶青）

（1）备具：玻璃杯若干（依人数而定）、茶海（或水盂）、茶叶罐、茶荷、茶道组、随手泡、茶巾。

（2）赏茶：用茶则从茶叶罐中取出适量茶叶放入茶荷，供客人欣赏干茶外形及香气。

（3）洁具：将玻璃杯一字摆开，依次倒入 1/3 杯的开水，然后从左侧开始，逐一洗杯。

图 2-26　温润

（4）冲水（见图 2-27）：执开水壶沿玻璃杯壁依次冲入 1/4 杯的开水，水温 80—85 ℃。

图 2-27　冲水

（5）置茶（见图 2-28）：用茶匙将茶荷中的茶叶一一投入杯中。

（6）温润：从左侧开始，用右手轻握杯身，左手托杯底，轻微晃动茶杯一分钟。

（7）冲泡：用"凤凰三点头"高冲注水，使茶杯中茶叶上下翻滚，形成"茶舞"。

（8）奉茶：右手轻握杯身，左手托杯底，端起玻璃杯，一一奉给客人。

3. 下投法（茶叶一般为针形、珠形，如峨眉毛峰）

（1）备具：玻璃杯若干（依人数而定）、茶海（或水盂）、茶叶罐、茶荷、茶道组、随手泡、

图 2-28 置茶

茶巾。

（2）赏茶：用茶则从茶叶罐中取出适量茶叶放入茶荷，供客人欣赏干茶外形及香气。

（3）洁具：将玻璃杯一字摆开，依次倒入 1/3 杯的开水，然后从左侧开始，逐一洗杯。

（4）置茶：用茶匙将茶荷中的茶叶一一投入茶杯中待泡。

（5）温润：将水温 85—90 ℃ 的开水沿玻璃杯内壁注入 1/5 茶杯的容量，浸泡 15 秒左右。

（6）冲水：执开水壶将水沿杯壁一圈后，再用"凤凰三点头"手法高冲注水，冲水量至七成满或 3/4 杯左右为止。

（7）奉茶：右手轻握杯身，左手托杯底，端起玻璃杯一一奉给客人。

任务实施

■ 活动目的

熟悉绿茶的三投法冲泡，并会判断何种绿茶适用哪种投法冲泡。

■ 活动要求

教师演示，组长矫正，组员练习。

■ 活动步骤

嘉竹 318 雀舌茶艺

灵雀出名山,恭迎四方客(备具):今天为各位嘉宾奉饮的名茶为"318 雀舌"绿茶,此茶产于素有"成都花园　天然氧吧"之美誉的川西生态茶区——四川蒲江。此茶以名山秀水为宅,清风明月为伴,采摘早春鲜嫩茶芽为原料,秉承千年独特工艺精制加工而成,其形轻灵秀巧,色泽翠绿,形似鸟雀之舌,具有"色翠、香高、味醇、形美"的独特品质。

活火烹山泉,冰心去凡尘(温杯):茶,至清至洁,是天涵地育的灵物,泡茶要求优质山泉,所用的器皿也必须至清至洁,用水再烫一遍本已十分干净的玻璃杯,使之冰清玉洁,一尘不染。

茶韵本天成,清宫迎佳人(赏茶):318 雀舌传承手工技法精琢而成,茶芽秉承自然,浑实饱满。苏东坡有诗云:"从来佳茗似佳人",用茶则把精制的 318 雀舌投放到洁白如玉的茶荷中,观赏干茶色绿、形美的特点。

蓝田玉生烟,甘露润茗芽(润茶):执开水壶沿玻璃杯壁依次冲入 1/4 杯的开水,水温 80－85 ℃。然后将干茶放入杯中,以手持杯轻轻摇晃,起到润茶的作用。此时杯口水汽氤氲,如玉生烟。

清泉嬉嫩蕊,春潮晚来急(冲泡):茶艺师采用凤凰三点头的手法注水,连绵的水流使茶叶在杯中上下翻动,促使茶汤均匀,这一手法也蕴含着三鞠躬的礼仪,似吉祥的凤凰前来行礼,欢迎大家的到来。

春染碧江水,灵芽池中舞(赏茗):冲入热水后,茶里的营养物质逐渐溶解,茶汤黄绿明亮,整个茶杯好像盛满了春天的气息。雀舌先是浮在水面上,而后徐徐降落,载浮载沉,宛在杯中翩翩起舞,我们称之为"茶舞"。

观音捧玉瓶,甘霖除妄念(奉茶):佛教故事中传说观音菩萨常捧着一个白玉净瓶,净瓶中的甘露可消灾祛病,救苦救难。茶艺小姐把泡好的雀舌敬奉给客人,意在祝福好人一生平安。

世人多恋酒,慧心悟茶香(闻香):品味蒲江雀舌要一看、二闻、三品味,雀舌茶香清幽淡雅,须用心灵去感悟,方能闻到那春天的气息,以及清醇悠远、难以言传的生命之香。

含英又咀华,好茶亦醉人(品茶):一品口感滑爽、甘鲜醇正;二品舌尖生津、喉底回甘;三品沁人心脾、回味无穷。

任务拓展

借鉴"嘉竹 318 雀舌茶艺",设计一个蒙顶甘露的表演茶艺。考核评分表如表 2-5 所示。

表 2-5　考核评分表

专业:　　　　　班级:　　　　　学号:　　　　　姓名:

序号	测试内容	评分标准	应得分	实得分
1	备具	物品齐全,整齐美观,便于操作	10	

续表

序号	测试内容	评分标准	应得分	实得分
2	赏茶	姿态规范优美,眼神有交流	10	
3	温具	手势正确,动作规范	10	
4	置茶	投茶量适当	10	
5	润茶	注水均匀,水量适当,水流紧贴杯壁,动作优美	10	
6	冲泡	三点头动作优美,水流不断,水量均匀	10	
7	奉茶	礼貌规范,不碰杯口	10	
8	品茗	有一定品鉴能力,有营销意识	10	
9	整体印象	仪表自然端庄,行茶连绵协调,过程完整流畅	10	
10	茶汤质量	温度适宜,汤色透亮均匀,滋味鲜醇爽口,叶底完美	10	

项目小结

本项目通过完成认识绿茶、进行备具布席及冲泡任务,能够让学生熟练展示绿茶茶艺并回答相关问题。

项目训练

一、熟悉绿茶制作工艺及茶性,并能选择相应的茶具进行冲泡。

二、熟练掌握代表性绿茶的冲泡程序及技巧。

项目三
走进红茶

 项目目标

职业知识目标：

1. 了解红茶的产地、分类与加工技艺。

2. 熟悉红茶的品质特点及储存。

职业能力目标：

熟练掌握代表红茶冲泡技艺和红茶的调饮方法。

职业素养目标：

1. 掌握红茶泡茶前的备具布席要求。

2. 通过训练，培养学生茶品推销和泡茶服务的能力。

知识框架

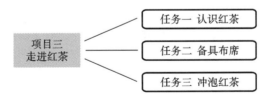

教学重点

1. 通过授课熟悉红茶的分类、产地、加工、特点及代表名茶。

2. 掌握红茶的冲泡方法，熟悉英式下午茶的冲泡和调饮的方法。

教学难点

红茶知识　红茶茶席　茶事礼仪

项目导入

　　茶叶传入欧洲时,最早是以绿茶为主,但从遥远的中国运输茶叶到欧洲需要在海上航行12—15个月时间,茶叶容易变味,即使没有发霉,其色、香、味也大打折扣。而红茶属于发酵茶,可以长期保存而不会变质,而且红茶不易掺假,于是就逐渐取代了绿茶。据统计,18世纪初英国进口的茶叶55%是绿茶,到了18世纪中期红茶占了66%。于是英国人就越来越喜欢喝红茶,红茶中以武夷茶占多数。据说,80.1%的英国人天天喝茶。

任务一　认识红茶

任务引入

　　暑假,来自成都的小王到宜宾旅游,听说此地除了竹海、五粮液,还有2014年成为四川省非物质文化遗产的川红工夫茶!于是他选择了一家茶馆,想了解一下川红红贵人、醒世黄金白露、叙府金芽、早白尖贵妃红等川红工夫茶品牌,如果适口,打算带一些回家。作为店员,你怎么向小王合理推荐呢?

理论知识

一、红茶的产地及代表

　　红茶为全发酵茶,品质特点是红汤红叶。红茶根据加工方法的不同,分为工夫红茶、小种红茶、红碎茶三种。工夫红茶是条形红毛茶经多道工序,精工细作而成,颇花费工夫,故得此名。小种红茶条粗而壮实,因加工过程中有熏烟工序,使其香味带有松烟香味。红碎茶是在揉捻过程中,边揉边切,或直接经切碎机械将茶条切细成为颗粒状。

　　（一）工夫红茶

　　我国工夫红茶根据产地分类,有云南的滇红、安徽的祁红、湖北的宜红、江西的宁红、四川的川红、浙江的江红(也称越红)、湖南的湖红、广东的粤红、福建的闽红等。其中品质优良且较有代表性的工夫红茶为大叶种的滇红和小叶种的祁红。

1. 滇红

滇红产于云南省的勐海、凤庆、临沧、云县等地,品种为云南大叶种,根据鲜叶的嫩匀度不同,一般分为特级和一至五级。其中高档滇红外形条肥壮实,显锋苗,色泽乌黑显毫,冲泡后香气嫩香浓郁,滋味鲜爽浓强,收敛性强,汤色红艳,叶底肥厚柔嫩。中档茶外形条索肥嫩紧实,乌润有金毫,冲泡后香气浓纯,类似桂圆香或焦糖香,滋味醇厚,汤色红亮叶底嫩匀发亮;低档茶条索粗壮尚紧,色泽乌黑稍泛棕,香气纯正,滋味平和,汤味红亮,叶底稍粗硬,红稍暗。

2. 祁红

祁红产于安徽省祁门县,品种以小叶种中的槠叶种为主,按鲜叶原料的嫩匀度分为特级和一至五级。其中高档祁红外形条索细紧挺秀,色泽乌润有毫,香气鲜嫩泛甜,带蜜糖香,冲泡后滋味鲜醇嫩甜,汤色红艳,叶底柔嫩有芽、红匀明亮。

(二) 小种红茶

小种红茶(见图 3-1)主产于武夷山市新村镇桐木村一带,又称正山小种。其外形粗壮肥实,色泽乌黑油润有光,冲泡后汤色鲜艳浓厚,呈深金黄色,香气纯正悠长,带松烟香,滋味醇厚类似桂圆汤味,叶底厚实,呈古铜色。

图 3-1 小种红茶

(三) 红碎茶

我国红碎茶分为叶茶、碎茶、片茶、末茶 4 个类型,各类型又细分若干花色。品种不同的红碎茶,品质上有较大的差异。花色规格不同,其外形形状、颗粒重实度及内质香味品质都有差异。

二、红茶的品质鉴别

（一）工夫红茶品质的鉴别

工夫红茶是中国特有的红茶品种，属条形红茶。工夫茶，原意是指好茶。红茶被冠以"工夫"二字，其一是说明红茶的制作过程不简单，极为讲究，经过精工细制；其二是说明工夫红茶的冲泡需要功夫，品饮时要花时间细细品味，从制茶到品茶皆须功夫。如此，才能称之为工夫红茶。工夫红茶中最为著名的要数祁门红茶，祁门红茶从初制到精制需要十多道制作工序，每一道工序都需要精湛的技艺和辛勤的劳动。

1. 外形

工夫红茶条索紧细、匀齐的质量好；反之，条索粗松、匀齐度差的，质量次。

2. 色泽

工夫红茶色泽乌润，富有光泽，质量好；反之，色泽不一致，有死灰枯暗的茶叶，则质量次。

3. 香气

工夫红茶香气馥郁的质量好；香气不纯，带有青草气味的质量次；香气低闷的为劣品。

4. 汤色

优质工夫红茶冲泡后汤色红艳，茶汤在品茗杯边缘形成金黄色圈；汤色欠明的质量次；汤色深浊的为劣品。

5. 滋味

工夫红茶滋味醇厚的质量好；滋味苦涩的质量次；滋味粗淡的为劣品。

6. 叶底

工夫红茶冲泡后叶底明亮的质量好；叶底花青的质量次；叶底深暗多乌条的为劣品。

（二）小种红茶品质的鉴别

小种红茶（见图3-2）只有福建生产，其条索精壮、匀整，色泽乌润，具有松烟的特殊香气，冲泡后滋味醇和、汤色红明，叶底呈古铜色。以产于福建崇安星村的品质最优，称"星村小种"或"正山小种"，此外还有"坦洋小种"和"政和小种"等。

1. 外形

小种红茶外形条索紧细、匀齐度高的质量好；反之，条索粗松、匀齐度差的质量次。

2. 色泽

小种红茶色泽乌润，富有光泽的质量好；反之，色泽不一致，有死灰枯暗的茶叶则质量次。

图 3-2　小种红茶

3. 香气

优质小种红茶带有松烟的特殊香气,香气不纯,带有青草气味的质量次,香气低闷的为劣品。

4. 汤色

优质小种红茶冲泡后汤色红明,汤色欠明的质量次,汤色深浊的为劣品。

5. 滋味

小种红茶冲泡后滋味醇和的质量好,滋味苦涩的质量次,滋味粗淡的为劣品。

6. 叶底

小种红茶冲泡后叶底呈古铜色,匀整的质量好,叶底花青的质量次,叶底深暗多乌条的为劣品。

(三) 红碎茶的品质鉴别

红碎茶外形呈颗粒状,紧实、色泽乌润或呈油润的棕色,冲泡后滋味浓厚鲜爽,富有刺激性,香气鲜浓,汤色红艳,叶底红匀明亮。红碎茶是我国重要的出口茶类,云南的"滇红"、广东的"英红"等,是其优秀的代表。

1. 外形

红碎茶外形要求匀齐一致。碎茶颗粒卷紧,叶茶条索紧直,片茶皱褶而厚实,末茶成砂粒状,体质重实。碎、片、叶、末的规格要分清。碎茶中不含片末茶,片茶中不含末茶,末茶中不含灰末。色泽乌润或带褐红,忌灰枯或泛黄。

2. 滋味

品评红碎茶的滋味,特别强调汤质。汤质是指浓、强、鲜(浓厚、强烈、鲜爽)的程度。浓度是红碎茶的品质基础,鲜强是红碎茶的品质风格。红碎茶汤要求浓、强、鲜具备,如果汤质淡、钝、陈,则茶叶的品质次。

3. 香气

高档的红碎茶,香气特别高,具有果香、花香和类似茉莉花的甜香,要求尝味时,还能闻到茶香。我国云南的红碎茶,就具有这样的香气。

4. 叶底

叶底的色泽,以红艳明亮为上,暗杂为下,叶底的嫩度,以柔软匀整为上,粗硬花杂为下。红碎茶的叶底着重红亮度,而嫩度相当即可。

5. 汤色

以红艳明亮为上,暗浊为下。红碎茶汤色深浅和明亮度,是茶叶汤质的反映。决定汤色的主要成分,是茶黄素和茶红素。茶汤乳凝(冷后浑浊)是汤质优良的表现。

三、红茶保健作用

人在没吃饭的时候饮用绿茶会感到胃部不舒服,这是因为茶叶中所含的重要物质——茶多酚具有收敛性,对胃有一定的刺激作用,在空腹的情况下刺激性更强。而红茶就不一样了,它是经过发酵烘制而成,茶多酚在氧化酶的作用下发生酶促氧化反应,含量减少,对胃部的刺激性就随之减小。另外,这些茶多酚的氧化产物还能够促进人体消化,因此红茶不仅不会伤胃,反而能够养胃。经常饮用加糖的红茶、加牛奶的红茶,能消炎、保护胃黏膜,对治疗溃疡也有一定效果。

任务实施

■ 活动目的

为再现茶叶销售中的介绍与对答,老师组织了一次销售情景模拟。通过实训,促使学生运用所学知识点,组织自己的语言介绍红茶,并做到仪态大方,语言流畅,达到用人单位要求。

■ 活动要求

1. 基础训练:按照 5 人一组,分别模拟客人和茶艺师进行红茶品鉴操作。

2. 应变训练:模拟客人的学生可在过程中想出各种合理要求,模拟茶艺师的学生进行应变训练。

■ 活动步骤

1. 分组讨论总结出不同品种红茶的干茶特性,推测品名,并填表。

2. 选择其中一款红茶,模拟客人的学生准备购买询问,模拟茶艺师的学生准备问题应对和介绍内容。

3. 客人提的问题不超过 5 个,茶艺师茶品介绍不超过 3 分钟。

4. 教师使用考核表对茶艺师模拟者进行打分,并公布结果。

5. 小组角色互换。

6. 教师点评。

■ 活动评价

表 3-1 所示为红茶茶叶鉴别表,表 3-2 所示为红茶销售模拟考核表。

表 3-1 红茶茶叶鉴别表

班级　　　　　姓名　　　　　组别　　　　　时间

序号	项目	细则	得分(10 分制)	记录者
1	颜色			
2	形状			
3	香味			

表 3-2 红茶销售模拟考核表

实训内容	序号	考核要求	分值	得分
为客人介绍红茶	1	红茶类别	15	
	2	典型红茶产区	10	
	3	红茶的特性	65	
	4	仪容仪表及礼节	10	

 任务拓展

红茶种类繁多,每种茶特性又有所差别,课后可自行查阅资料,选取一种茶对其特征进行具体介绍。

任务二　备具布席

任务引入

下周,我校将接待外校来访客人,了解客人喜欢品武夷山桐木关正山小种,接到这项任务后,负责此项接待工作的王宏想了解这款茶的茶席布置,于是向茶艺老师请教。

理论知识

一、器具和材料准备

中型盖碗（玻璃、瓷、陶材质皆可）、公道杯、品茗杯若干（依人数而定）、茶海（或水盂）、茶叶罐、茶荷、茶道组、随手泡、茶巾、茶席及摆件。

二、茶席设计

（一）茶品

茶品（见图 3-3）是茶席设计中不可或缺的元素。茶品的选择是否恰当，将直接影响茶席的主题定位是否合理，影响茶席设计的整体结构是否协调与融合。一般在茶席设计的主题选择中，有以故事为主题的、以人物为主题的、以季节或植物为主题的以及以茶品或茶具为主题的。但是不管以哪种题材为茶席主题，都必须凸显所冲泡的茶品，体现茶品的历史背景及文化内涵。

图 3-3　茶品

(二) 茶具组合

"水为茶之母,器为茶之父",其中"器"就是我们说的茶器、茶具,茶具扮演了茶品"父"的角色,茶具与茶有着重要的关系。如果说,茶是茶席的灵魂,那么茶具就是茶席的身体,两者结合才是具有生命力的茶席。

茶具组合(见图 3-4)是茶席设计的基础,也是茶席构成因素的主题。茶具组合的基本特征是实用性与艺术性的融合,实用性决定艺术性,艺术性又服务于实用性。因此,在它的材质、造型、体积、色彩、内涵等方面,应作为茶席设计的重要部分加以考虑,并使其在整个茶席设计布局中处于最显著的位置,以便对茶席进行动态的演示。因此茶具是茶席设计中不可或缺的部分,也是茶席总体格调和内容体现的主要载体。

图 3-4 茶具组合

(三) 铺垫

铺垫(见图 3-5)指的是茶席整体或局部物件摆放下的铺垫物,也是铺垫茶席之下布艺类和其他材质物的统称。铺垫的形状一般分为:正方形、长方形、三角形、圆形、椭圆形以及不规则几何形。铺垫的直接作用:一是使茶席中的器物不直接触及桌(地)面,以保持器物清洁;二是以自身的特征辅助器物共同完成茶席设计的主题,增加美感。

(四) 插花

插花(见图 3-6)是指人们以自然界的鲜花、叶草为材料,通过艺术加工,在不同的线条和造型变化中,融入一定的思想和情感而完成的花卉的再造形象。茶席中的插花,也叫茶花,茶席插花所使用的材料不只是花,还包括叶子、枯枝、石头、果实,通过这些元素,结合挂画、茶具摆设等表现出主人的茶道审美境界和茶道思想。茶席插花所给予人的,正是近在咫尺

图 3-5 铺垫

的与自然的交流，它是喧嚣的尘世中保有的一份健康与活力，它会从精神上给予人们启发和满足，令人获得由静观万物而获无穷乐趣的凭借。图 3-7 所示为茶席中的盆景。

图 3-6 插花

图 3-7 盆景

（五）焚香

焚香（见图 3-8）是指人们将从动物或植物中获取的天然香料进行加工，使其成为各种不同的香型，并在不同的场合焚熏，以获得嗅觉上的美好享受。茶席中用香十分讲究，从香的种类及样式、用香的时间、香炉的种类及摆设等方面都需要精心挑选和调和，力求做到香不夺茶味，品茶时既能品茶香，亦能赏香味，两者互为补充和促进，共同为茶席增色。

图 3-8　焚香

（六）挂画（背景）——茶席的延伸

挂画（见图 3-9）又称挂轴。茶席中的挂画，是悬挂在茶席背景环境中书与画的统称。书以汉字书法为主，画以中国画为主。

图 3-9　挂画

人们品茶，从根本上来说，是通过感官来获得感受。但影响感觉系统的因素很多，视、听、味、触、嗅觉的综合感觉，也会直接影响品茶的感觉。综合感觉会生发某种心情。相关挂画不仅能有效地陪衬、烘托茶席的主题,还能在一定的条件下,对茶席的主题起作用。

（七）茶点茶果

茶点茶果(见图3-10)是对在饮茶过程中佐茶的茶点、茶果、和茶食的统称。其主要特征是:分量较少、体积较小、制作精细、样式清雅。

图3-10　茶点茶果

（八）背景音乐

茶席设计作为茶文化的一种表现形式,属于传统文化的范畴。品茶历来要求在平静的氛围中进行,因此,茶席的背景音乐,应以平缓的慢板及中板为主,只在高潮部分,可以稍快的速度、稍强的音符出现。在茶席设计展演过程中,布席过程有背景音乐的陪伴,可帮助设计者更快地进入茶席主题所要表达的情绪状态,为观赏者提供一个准确理解茶席主题的声音环境。背景音乐同时扮演着茶席主题表达"言尽而意无穷"的角色,使观赏者在观赏结束后,仍处在对茶席艺术的反复回味之中。

（九）玩赏摆件——茶席的点睛之笔

不同的相关工艺品与主器具巧妙结合,往往会从人们的心理上引发不同的故事,使不同的人产生共鸣。因此,相关玩赏摆件(见图3-11)选择、摆放得当,常常会获得意想不到的效果。茶席中的主器物与相关玩赏摆件在材质、造型、色彩等方面应属于同一基本关系,如在色彩上,同类色是最能相融的,并且在层次上也更加自然和柔和。在整体的布局中,相关工艺品的数量不能多,要处于茶席的旁、边、侧、下及背景的位置,点到为止,服务于主器物。

图 3-11　玩赏摆件

任务实施

活动目的

通过茶席布置活动,帮助学生正确选择不同红茶与相应茶具的搭配,并且能够创新策划设计独特的茶席。

活动要求

小组合作,独立创意。

活动步骤

1. 发布任务茶席布置小组任务,主题是:以不同的故事或者人物为主题。
2. 分组进行创意策划,给出茶席主题。
3. 从教师准备的物品中进行选择。
4. 小组展示,解说创意。
5. 按照茶席考核表评选较优的两款茶席作为接待使用。
6. 教师点评。

活动评价

表 3-3 所示为茶具考核表,表 3-4 所示为红茶茶席综合实训考核表。

表 3-3 茶具考核表

班级		姓名		组别	时间	

序号	项目	细则	分值	记录者
1	茶具的分类		40	
2	茶具的功能		40	
3	选择适宜的茶具		20	

表 3-4 红茶茶席综合实训考核表

班级		姓名		组号	时间	

序号	项目	考核标准	分值	得分
1	主题	主题明确,具有新意	10	
2	茶品	选择茶品	15	
3	茶席布置过程	1. 茶席符合所选茶叶的茶性(10分) 2. 流程紧凑(10分) 3. 具有一定艺术审美(5分) 4. 器材齐全(20分) 5. 能够向客人介绍茶席(10分) 6. 解说词富有感染力(15分) 7. 礼仪周到(5分)	75	

任务拓展

优质的文案能够帮助观众更好地理解茶席布置用意,请为本小组设计的茶席写一篇文案介绍并进行解说。

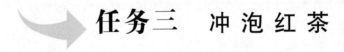

任务三 冲泡红茶

任务引入

王宏了解了正山小种的茶性,想进一步了解正山小种的冲泡程序,于是向茶艺老师请教整个冲泡程序。

理论知识

一、正山小种的冲泡要点

1. 主泡器

白瓷盖碗。

2. 投茶量

5 克。

3. 水温

85—90 ℃。

4. 水的选择

纯净水或矿泉水。

5. 程序

按照备具、赏茶、温具、置茶、润茶、冲泡、奉茶、品茗、行礼流程冲泡。

二、项目实施

（一）冲泡程序

1. 备具（见图 3-12）

白瓷盖碗、品茗杯若干（依人数而定）、茶海（或水盂）、茶叶罐、茶荷、茶道组、随手泡、茶巾。

2. 赏茶闻香（见图 3-13）

用茶匙从茶叶罐中取出适量茶叶放入茶荷，供客人欣赏干茶外形及香气。

3. 温具（见图 3-14）

将品茗杯一字摆开，逐一倒入 1/3 杯的开水，然后从左侧开始，逐一温杯。

4. 置茶（见图 3-15）

用茶导将茶荷中的茶叶投入盖碗中。

5. 温润（见图 3-16）

将盖碗放置胸前逆时针旋转一周唤醒茶叶，有助于茶叶内含物质浸出。

图 3-12　备具

图 3-13　赏茶闻香

图 3-14　温具

图 3-15　置茶

图 3-16　温润

6. 冲泡(见图 3-17)

单边定点注水至八分满。动作优美,水流不断,水量均匀。

图 3-17　冲泡

7. 奉茶（见图 3-18）

双手端起品茗杯，与客对视微笑示意，行礼 30°。

图 3-18　奉茶

8. 品茶（见图 3-19）

一看汤色，二闻茶香，三品滋味。

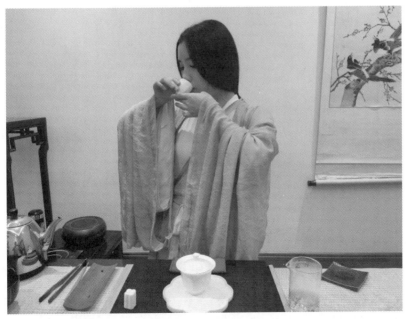

图 3-19　品茶

9. 行礼(见图 3-20)

操作完毕,向客行礼 45°表达谢意。

图 3-20　行礼

任务实施

▨ 活动目的

熟悉正山小种的冲泡程序,并会解说正山小种的茶性。

▨ 活动要求

教师演示,组长矫正,组员练习。

任务拓展

借鉴"正山小种的茶艺表演",设计一个云南滇红的茶艺表演。表 3-5 所示为考核评分表。

表 3-5　考核评分表

专业:　　　　　班级:　　　　　学号:　　　　　姓名:

序号	测试内容	评分标准	应得分	实得分
1	备具	物品齐全,整齐、美观、协调,便于操作	10	

续表

序号	测试内容	评分标准	应得分	实得分
2	赏茶	姿态规范、优美,眼神有交流	10	
3	温具	手势正确,动作规范	10	
4	置茶	投茶量适当	5	
5	润茶	注水均匀,水量适当,水流紧贴杯壁,动作优美	10	
6	冲泡	单边注水八分满,动作优美,水流不断,水量均匀	10	
7	奉茶	礼貌规范,动作平稳,面带微笑	10	
8	品茗	有一定品鉴能力,有营销意识	10	
9	行礼	面带微笑,行45°鞠躬礼,恭敬地向客人致意	5	
10	整体印象	仪表自然端庄,行茶连绵协调,过程完整流畅	10	
11	茶汤质量	汤色透亮,滋味醇厚	10	

项目小结

　　本项目通过认识红茶、进行备具布席及冲泡任务的完成,能够熟练展示红茶茶艺表演并回答相关问题。

项目训练

　　一、熟悉红茶制作工艺及茶性,并能选择相应的茶具进行冲泡。
　　二、熟练掌握代表性红茶的冲泡程序及技巧。

项目四
走进乌龙茶

 **项目目标**

职业知识目标：
1. 掌握乌龙茶的主要产地及代表茶类。
2. 认识冲泡乌龙茶所需茶具。
3. 掌握乌龙茶的冲泡流程。

职业能力目标：
1. 能够用流畅的语言介绍乌龙茶。
2. 能够设计出符合要求的乌龙茶茶席。
3. 能够完整流畅地展示乌龙茶冲泡技艺。

职业素养目标：
1. 增强专业素养，提升茶文化知识涵养。
2. 树立竞争意识，提升适应职业发展的能力。

知识框架

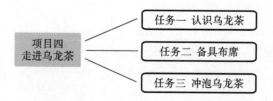

项目四 走进乌龙茶

任务一 认识乌龙茶

任务二 备具布席

任务三 冲泡乌龙茶

教学重点

1. 乌龙茶的产地及代表。

2. 冲泡乌龙茶所用的茶具。

3. 冲泡乌龙茶的步骤。

 教学难点

乌龙茶知识　茶席布置　冲泡技艺

 项目导入

乌龙茶是中国的特色茶类,制作工艺精细,兼具红茶之甘醇、绿茶之清爽、花茶之芬芳,品质风格独特,是我国茶叶中的一枝独秀。品饮乌龙茶不仅可以止渴生津,更是一种艺术享受,乌龙茶的泡饮技术十分讲究,在我国闽南地区又被称为工夫茶。因此乌龙茶常被作为待客的首选。

任务一　认识乌龙茶

任务引入

周末,位于本市的明城堂茶社将在我校旅游专业学生中招聘实习生,其面试的题目是:介绍乌龙茶。同学们对本次招聘热情度很高,都在认真积极地准备。

一、乌龙茶的产地及代表

乌龙茶是我国六大类茶之一,种类繁多,名品享誉国内外。而我国盛产乌龙茶的地区主要集中在福建、广东、台湾三省,此外湖南、四川也有少量出产。乌龙茶的主要产地及代表茶如表 4-1 所示。

表 4-1　乌龙茶的产地及代表

产地		代表茶
福建	闽北	武夷岩茶、水仙、大红袍、肉桂等
	闽南	铁观音、奇兰、水仙、黄金桂等
广东		凤凰单枞、凤凰水仙、岭头单枞等
台湾		冻顶乌龙、包种、铁观音等

（一）铁观音

铁观音盛产于福建和台湾地区，其中以安溪铁观音最为出名，是中国十大名茶之一。安溪铁观音（见图4-1）茶条卷曲，肥壮圆结，沉重匀整，色泽砂绿。整体形似蜻蜓头、螺旋体、青蛙腿。冲泡后汤色金黄，浓艳似琥珀，有天然的兰花香，滋味醇厚、回甘悠久，俗称"音韵"。

图 4-1　安溪铁观音

（二）大红袍

大红袍（见图4-2）产于福建武夷山，其外形条索紧实，色泽褐绿鲜润，冲泡后汤色澄黄明亮，叶片红绿相间。品质最突出之处是香气馥郁，有兰花香，香高而持久，"岩韵"明显。大红袍有降血脂、抗衰老等功效。大红袍很耐冲泡，冲泡七、八次仍有香味。

（三）凤凰单枞

凤凰单枞（见图4-3）主要产于广东省潮州市凤凰山。单枞茶是在凤凰水仙群体品种中选拔优良单株茶树，经培育、采摘、加工而成。因成茶香气、滋味的差异，当地习惯将单枞茶按香型分为黄枝香、芝兰香、桃仁香、玉桂香、通天香等多种。其外形条索粗壮、匀整挺直、色

图 4-2　大红袍

泽黄褐、油润有光,并有朱砂红点。冲泡后清香持久,滋味浓醇鲜爽,润喉回甘,汤色清澈黄亮,叶底边缘朱红,叶腹黄亮,具有独特的"山韵"品格。

图 4-3　凤凰单枞

二、乌龙茶的特性与鉴别

乌龙茶又叫青茶,是一种半发酵茶,发酵程度在 10%—70%,种类繁多。

原料:两叶一芽,枝叶连理,大多是对口叶,芽叶已成熟。

颜色:乌龙茶因发酵程度不同,干茶、茶汤呈现出多样的色彩,大致可分为以下几种颜色:干茶呈绿色、砂绿色或墨绿色等,茶汤为淡黄色、黄色;干茶呈金色,茶汤金黄色;干茶呈褐色、红褐色或乌润,茶汤为橙红色。

香味:花香果味,从清新的花香、果香到熟果香都有,滋味醇厚回甘,略带微苦亦能回甘。

性质:温凉。含叶绿素、维生素 C、茶碱、咖啡因等成分。

任务实施

活动目的

为了帮助旅游专业的学生顺利通过实习生面试,老师组织了一次面试情景模拟。通过实训,促使学生运用内化知识点,组织语言介绍乌龙茶,并且做到仪态大方,语言流畅,达到用人单位的要求。

活动要求

两人一组,分别扮演面试官和面试者,进行面试情景模拟。

活动步骤

1. 面试问题回答准备,组织书面语言,涵盖知识点,并进行识记。
2. 面试官提问:"你能为我们介绍一下乌龙茶的特性、产地和代表茶吗。"
3. 面试者回答问题,不超过 3 分钟。
4. 面试官使用评分表对面试者进行打分,并公布面试结果。
5. 角色互换。
6. 教师点评。

活动评价

表 4-2 所示为乌龙茶茶叶鉴别表,表 4-3 所示为面试评分表。

表 4-2　乌龙茶茶叶鉴别表

班级		姓名	组别		时间	
序号	项目	细则			得分(10 分制)	记录者
1	颜色					
2	形状					
3	香味					

表 4-3　面试评分表

评分项目	标准	标准分	得分
仪容仪表	符合茶艺师职业要求	20	
介绍词	语言准确,无知识错误;简介明了、通俗易懂,涵盖知识点	30	
介绍语言	语音、语调自然流畅,声音洪亮有节奏	20	
神态动作	与面试官有眼神交流、动作符合介绍语言	20	
整体印象	仪态自然端庄,配合微笑	10	

任务拓展

　　乌龙茶种类繁多,每种茶特性又有所差别,课后可自行查阅资料,选取一种茶对其特征进行具体介绍。

任务二　备具布席

任务引入

　　周三,成都某校领导将来我校参观访问,两校领导将在旅游专业茶艺实训室举行座谈。接到这项任务后旅游专业师生进行了充分的准备,首先需准备的便是接待当天的茶席,为此,旅游专业负责老师特意在学生中开展了一次茶席布置大赛。

　　茶席布置前,需先明确冲泡乌龙茶要用到的茶具,然后再进行茶席的设计。

一、茶具种类及用途

冲泡乌龙茶可选用壶泡法或碗泡法,需要用到的茶具如下。

（1）茶船,用于盛放茶具。

（2）随手泡,用于盛放开水。

（3）主泡器:①紫砂壶,紫砂壶（见图4-4）始制于明朝正德年间,制作原料为紫砂泥,以江苏省宜兴市出产的最为出名。用紫砂壶泡茶既不夺茶的香气,又无熟汤气,能较长时间保持茶叶的色、香、味,又因紫砂壶造型别致、古朴,而倍受人们青睐。

②盖碗,盖碗（见图4-5）盛行于清雍正年间,多为陶瓷材质,最早为单人饮用茶具,而后因其便于观茶汤及叶底,易于掌握茶汤浓度,发展为冲泡器具。

（4）公道杯（见图4-6）,又称茶盅,制作材质有陶、瓷或玻璃。当主泡器内茶汤浸泡至适当浓度后,茶汤倒至公道杯,再分倒于各小茶杯内,以求茶汤浓度均匀。公道杯的容积大小要与壶或盖碗相配,通常公道杯稍大于壶和盖碗。

（5）茶道组合,又称茶道六君子,是泡茶的辅助工具。其中包含的茶具有:茶筒;茶则,用于量取干茶;茶匙,用于拨取干茶;茶夹,用于夹取茶具;茶漏,置于壶口,用于导茶入壶;茶

图 4-4　紫砂壶

图 4-5　盖碗

图 4-6　公道杯

针,用于疏通壶嘴。

　　(6) 茶叶罐,用于储存茶叶。

　　(7) 茶荷,用于鉴赏干茶。

　　(8) 品茗杯(见图 4-7),用于品饮茶汤的小茶杯,造型各异,材质多样。

　　(9) 闻香杯(见图 4-7),造型比品茗杯细,用于吸闻茶香,是乌龙茶特有的茶具。

图 4-7 品茗杯和闻香杯

（10）茶巾，用于清洁用具。

（11）滤网，用于过滤茶渣。

二、茶席布置

（一）确定茶席主题

席本是一种摆置，因为茶的进入，使得其高雅。因此茶在茶席中应该居于中心位置。茶席主题可以以茶品为主题、以茶事为主题、以茶人为主题。如茶席《宁静致远》（见图 4-8），冲泡的是乌龙茶中的铁观音，宣的是"非淡泊无以明志，非宁静无以致远"的意境，选用淡雅的白色瓷器成套茶具，搭配以菊花、绿色蒲扇型大叶作为铺垫，从外形到内涵都折射和衬托出铁观音的汤色、味道。

图 4-8 茶席《宁静致远》

又如竹茶会的茶席设计(见图 4-9)就是以茶事为主题的茶席设计,铺垫和辅助器具选用竹制品,突出竹茶会的主题。壶和品茗杯颜色都选用同一色系,颜色的深浅又凸显了层次,同时,这一色系也与乌龙茶茶汤颜色形成呼应。

图 4-9　竹茶会茶席设计

以茶人为主题则可以从古今著名茶人及其茶事出发进行设计,需要较高的文化积淀。

(二)选择茶品与茶具

(1)选择茶品。

茶品和茶具要根据茶席主题进行选择,乌龙茶的茶品可选择各地的代表茶。如设计主题为"兰香禅韵"的茶席,因兰花代表淡泊、高雅,因此可选择富有兰花香的安溪铁观音。

(2)选择茶具。

冲泡乌龙茶可选择紫砂茶具或瓷器茶具,茶具的造型、颜色应与主题相配,特别是铺垫的选取。如上述"兰香禅韵"茶席,冲泡和品饮茶具可选择手绘兰花图案的青花瓷茶具(见图4-10),并选用古色古香的实木茶道(见图 4-11)组合作为辅助工具。其他辅助用具,如废水盂、茶荷的选择也尽量和主泡器颜色相近。铺垫可选择和茶道组合颜色相近的布料。确定茶品和茶具后,可将茶具按照一定的形状进行摆放,注意摆放时不仅要体现艺术美,还要方便泡茶操作。

(三)茶食

茶食亦讲究与茶席主题搭配,可选干果、鲜果、糖果、西点或中式点心。根据"兰香禅韵"的茶席主题,可选择干果作为茶食。图 4-12 所示为干果茶食。

(四)茶席配置

挂画、插花、焚香、配乐是茶席的主要配置,可增添品茶的意境。可根据茶席的主题适量搭配,营造氛围。

(1)挂画。挂画也称为挂轴,一般应用于茶室。茶室挂画从内容上看分为字与画两大类。从其装裱和尺寸看,可分为中堂、斗方、条幅、扇面、对联、横幅等。

图 4-10 青花瓷茶具

图 4-11 实木茶道组合

图 4-12 干果茶食

（2）插花。茶席插花能极好地装点茶席，茶席插花追求崇尚自然、朴实秀雅的风格，并富含深刻的寓意。其基本特征是简洁、淡雅、小巧、精致。花材不追求多，一两枝就能达到朴素大方、清雅绝俗的艺术效果。

（3）焚香。焚香在茶席中主要利用其"香气"与"烟景"营造氛围。但香气不可太浓，以免掩盖茶香，且根据所选香炉不同，会出现不同的"烟景"画面。

（4）配乐。配乐是茶席增色的部分。配乐最适合以慢拍、舒缓、轻柔的乐曲为主，音量调节到若有若无，像是从云中传来的天籁，有仙乐飘飘的感觉为最妙。

如设计主题为"兰香禅韵"的茶席，可在茶室配以带有"禅意"意境的挂画（如果在室外则不挂画）、兰花和枯树搭配的插花（见图 4-13），用莲花香盘焚檀香（见图 4-14），并配以"云水禅心"古筝曲。注意花瓶和香盘的选择要和主要茶具搭配,并摆放在茶席前端。

图 4-13　兰花和枯树搭配的插花

图 4-14　莲花香盘焚檀香

任务实施

■ 活动目的

通过茶席布置活动,帮助学生准确认识冲泡乌龙茶的茶具,并且能够运用发散思维,精心策划独特的茶席。

■ 活动要求

小组合作,独立创意。

■ 活动步骤

1. 发布茶席布置小组任务,主题是:自然中的植物或月亮。
2. 分组进行创意策划,给出茶席名称。
3. 从教师准备的物品中进行选择。
4. 小组展示,简述创意。
5. 按照茶席考核表评选较优的三款茶席作为接待使用。
6. 教师点评。

■ 活动评价

表 4-4 所示为茶具考核表,表 4-5 所示为乌龙茶茶席综合实训考核表。

表 4-4　茶具考核表

班级		姓名		组别		时间	

序号	项目	细则	分值	记录者
1	茶具的分类		40	
2	茶具的功能		40	
3	选择适宜的茶具		20	

表 4-5　乌龙茶茶席综合实训考核表

班级		姓名		组号		时间	

序号	项目	考核标准	分值	得分
1	主题	主题明确,具有新意	10	
2	茶品	选择茶品	15	
3	茶席布置过程	1. 茶席符合所选茶叶的茶性(10 分) 2. 流程紧凑(10 分) 3. 具有一定艺术审美(5 分) 4. 器材齐全(20 分) 5. 能够向客人介绍茶席(10 分) 6. 解说词富有感染力(15 分) 7. 礼仪周到(5 分)	75	

任务拓展

优质的文案能够帮助观众更好地理解茶席布置用意,因此课后请为本小组设计的茶席写一篇文案介绍。

任务三　冲泡乌龙茶

任务引入

周三,成都某校领导将来我校参观访问,两校领导将在旅游专业茶艺实训室举行座谈,特需 3 名学生负责当天的茶事服务。接到这项任务后旅游专业师生进行了充分的准备并举行了一次乌龙茶茶艺比拼。

【任务剖析】

茶事服务最重要的环节是冲泡服务,因此为完成此次接待服务,在选派学生时要以冲泡技艺为主。

一、服务礼仪

服务礼仪是茶事服务的关键环节,因此在茶事服务前需对仪容仪表、服饰进行充分准备,在服务过程中需端庄站姿和坐姿,以符合茶艺师的服务标准。

二、冲泡流程

下面以台湾功夫茶为例。

第一道:备具。焚香静气,活煮甘泉。

按照任务二所学,准备好冲泡茶所用器具,并进行茶席布置。

第二道:赏茶(见图 4-15)。孔雀开屏,叶嘉酬宾。

用茶则从茶叶罐中取出适量茶叶置于茶荷中,供宾客欣赏干茶的外形及香气。

图 4-15 赏茶

第三道:温具(见图 4-16)。大彬沐淋,温壶烫盏。

将开水注入紫砂壶和公道杯中,以循环往复的方式注入闻香杯和品茗杯中,用茶夹依次将品茗杯中的水倒掉,再用手依次将闻香杯中的烫杯水倒掉,杯身上若有图案或分正反面,应将有图案的一面或正面朝向宾客。

第四道:置茶(见图 4-17)。玉壶迎珠,乌龙入宫。

用茶匙将茶荷中的乌龙茶按需拨入茶壶中待泡,投茶量在紫砂壶总容量的 1/3 至 2/3。

第五道:开香。高山流水,春风拂面。

开香也称"洗茶"。用随手泡以"悬壶高冲"的方式注入紫砂小壶,直至水满壶口,同时用壶盖快速浮去泡沫,10 秒钟内将洗茶水倒入公道杯中。此道茶水可用于再次洗茶杯。

图 4-16　温具

图 4-17　置茶

第六道:冲泡(见图 4-18)。乌龙入海,重洗仙颜。

图 4-18　冲泡

用随手泡以"高冲低着"的方式注水入紫砂小壶,直至水满壶口,用壶盖从外向内轻轻浮去水面的泡沫。用随手泡中的开水均匀地淋在壶的外壁上。

第七道:出汤(见图4-19)。母子相哺,玉液回壶。

将滤网置于公道杯上,将壶中浸泡约20—40秒的茶汤通过滤网倒入公道杯中,紫砂壶的水流尽量靠近过滤网,避免茶香散失。

图 4-19　出汤

第八道:分茶(见图4-20)。观音出海,点水留香。

执公道杯,将茶汤倒入闻香杯,至七成满为止。

图 4-20　分茶

第九道:翻杯(见图4-21)。龙凤呈祥,鲤鱼翻身。

右手大拇指与中指握住品茗杯,翻转杯身。然后轻轻将品茗杯逐一扣在闻香杯上。右手的大拇指按住品茗杯底部。中指与食指紧紧夹住闻香杯,用手腕翻转扣合的闻香杯和品茗杯。

图 4-21　翻杯

第十道:奉茶(见图 4-22)。举案齐眉,敬奉香茗。

双手执杯举至眉前,将茶奉到宾客面前。

图 4-22　奉茶

第十一道:闻香。鉴赏双色,喜闻高香。

将闻香杯中的茶汤轻轻旋转倒入品茗杯中,使闻香杯内壁均匀留有茶香,送至鼻香,也可转动闻香杯闻香。

第十二道:品茶(见图 4-23)。三龙护鼎,三品得趣。

拇指、中指握住品茗杯的杯沿,无名指托杯底,以"三龙护"之势执杯品茗,分三口品完。

第十三道:回味。回味甘醇,音韵绵长。

第十四道:谢茶。宾主相欢,尽杯谢茶。

图 4-23　品茶

任务实施

■ 活动目的

通过比赛,检验学生实训成果,并提高学生的学习热情。

■ 活动要求

全员参与,分小组赛和班级决赛。

■ 活动步骤

1. 以小组为单位进行乌龙茶冲泡的实训练习,做好充分准备。

2. 在小组内进行个人赛,并根据评价表推选出一名代表参加班级决赛。

3. 各组代表进行决赛,教师和其他同学观看。

4. 投票选出表现最优的三位选手。

5. 教师点评。

■ 活动评价

表 4-6 所示为乌龙茶茶艺评分表。

表 4-6　乌龙茶茶艺评分表

评分内容	评分标准	标准分	得分
备具	物品齐全,整齐美观,便于操作	10	
温杯	手势整齐,动作规范	10	
赏茶	姿态规范优美,眼神有交流	10	

续表

评分内容	评分标准	标准分	得分
置茶	投茶量适当	10	
开香	高冲注水,水流均匀,动作规范优美	10	
冲泡	高冲低斟,水流不断,水量均匀	10	
分茶	动作连贯,分茶均匀,茶量适当	10	
奉茶	礼貌规范,有奉茶语,不碰杯口	10	
品茗	有一定鉴赏能力,有营销意识	10	
整体印象	仪表自然端庄,行茶连绵协调,过程完整流畅	10	

任务拓展

　　盖碗也可作为乌龙茶的主泡器,请你在课后试着使用盖碗进行乌龙茶的冲泡,注意盖碗的使用手法。

项目小结

　　乌龙茶种类繁多、形式多样,学生通过本项目中认识乌龙茶的部分,可初步了解乌龙茶类中的名品及其特点。学生通过学习本项目中备具布席的部分,可掌握简单茶席布置要素,并能设计一款简单茶席。学生通过本项目中冲泡乌龙茶的部分,可熟练展示乌龙茶的壶泡技艺。学生在学习本项目时需要扩展相关知识并勤加练习,方可达到最佳学习效果。

项目训练

　　一、熟悉乌龙茶制作工艺及茶性,并能选择相应的茶具进行冲泡。
　　二、熟练掌握代表性乌龙茶的冲泡程序及技巧。

项目五
走 进 黑 茶

 项目目标

职业知识目标：

1. 掌握黑茶的产地、代表、特性与鉴别。

2. 掌握茶具种类及用途、茶席布置。

3. 掌握黑茶的服务礼仪、冲泡流程及基础知识。

职业能力目标：

1. 能熟练识别各产地黑茶、茶具，为宾客提供茶事服务。

2. 掌握黑茶茶艺服务礼仪，能正确完成冲泡流程。

职业素养目标：

1. 培养热爱家乡茶文化的意识。

2. 逐步形成为客人服务的茶艺礼仪素养。

3. 培养善于思考、应变的能力。

知识框架

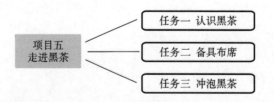

 项目导入

黑茶发源于四川省，其年代可追溯到唐宋时茶马交易中早期。黑茶主产区为中国的云南、湖南、陕西、广西、四川、湖北等地,是中国的特色茶类,属于后发酵茶,制作工艺精细,在我国西南地区黑茶常被作为待客的首选。

任务一　认识黑茶

任务引入

今天,明诚堂的实习茶艺师蕊蕊将为明天到达的云南客人准备普洱茶,她特意向店长请教了黑茶的相关知识。

我们一起来跟着蕊蕊认识一下以云南普洱茶为代表的黑茶系列吧。

理论知识

一、黑茶的产地及代表

黑茶属后发酵茶,所谓后发酵,是指茶叶通过高温处理(杀青或干燥)后再进行堆积发酵。茶叶(青毛茶)在后发酵过程中,湿热的作用和微生物的作用,使茶叶中的物质发生一系列的变化,茶叶颜色由绿色逐渐加深变成黑褐色,滋味变得浓醇,消除了粗涩味,最终变成黑色的茶叶。

黑茶生产历史悠久,花色品种丰富,早在北宋时就有用绿茶做色变黑的记载。黑茶主产于湖南、湖北、四川、云南、广西等地。有湖南黑茶、湖北老青茶、四川南路边茶和西路边茶、广西六堡茶、云南普洱茶等等。黑茶是很多紧压茶的原料,用黑茶压制成的紧压茶有茯砖茶、黑砖茶、花砖茶、湘尖茶、青砖茶、康砖茶、金尖茶、方包茶、六堡茶、七子饼茶、紧茶、普洱沱茶等。

（一）湖南黑茶

产地:湖南安化等地。

湖南黑茶(见图 5-1)主产于安化、桃江、沅江、汉寿、宁乡、益阳、临湘等地。湖南黑茶高档的较细嫩,低档的较粗老,经杀青、初烘、渥堆、复揉、干燥五道工序而制成。渥堆工序是关键,经过 8—18 小时的堆积发酵,茶叶由绿色转变成黄褐色,干燥后变成黑褐色。湖南黑茶是压制茯砖茶、黑砖茶和花砖茶的原料。

图 5-1　湖南黑茶

(二) 湖北老青茶

产地:湖北赤壁等地。

湖北老青茶(见图 5-2)主产于赤壁、咸宁、崇阳、通城等地。老青茶是经过杀青、揉捻后进行渥堆,最后晒干而成的。老青茶是压制青砖茶的原料,传统的青砖茶有里茶与面茶之分,压制时将粗老的青茶(里茶)放在里面,将细嫩的青茶(面茶)放在表面,这使压制好的青砖茶看上去美观一点,达到一定的商业目的。

图 5-2　湖北老青茶

（三）四川边茶

产地：四川雅安等地。

四川所产的黑茶主要供应给边区少数民族饮用，所以又称四川边茶（见图5-3），有南路边茶和西路边茶。南路边茶主产于雅安、乐山等地。其制作原料一般较粗老，用刀采割来的当年生茶树枝叶，经炒制而成。南路边茶是压制康砖茶、金尖的原料。西路边茶主产于都江堰市，原料更粗老，由割刈回来的茶树枝叶经锅炒后晒干而成。西路边茶是压制茯砖茶和方包茶的原料，色泽枯黄，含梗量高。

图5-3　四川边茶

（四）广西六堡茶

产地：广西苍梧等地。

广西六堡茶（见图5-4）主产苍梧、贺州、横县等地，因最早产于苍梧县六堡镇而得名。六堡散茶经装篓压制成的六堡茶，汤色红浓、香味醇陈爽口，并带有松烟味和槟榔味，叶底呈铜褐色。

图5-4　广西六堡茶

（五）云南普洱茶

产地：云南普洱等地。

云南普洱茶(见图5-5)有悠久的历史,因集中于普洱产销而得名,现在西双版纳、思茅等地均生产普洱茶,除云南省外,广东省也生产少量普洱茶。普洱茶采用云南大叶种芽叶经杀青、揉捻、晒干制成的青毛茶为原料,再经洒水渥堆、晾干、筛分制成普洱茶。其中渥堆是关键,经过渥堆以后茶色由绿变褐,消除了粗青苦涩味,转变成特殊的陈香味,滋味浓醇。用普洱散茶可压制加工成多种紧压茶,如普洱沱茶、七子饼茶(圆茶)、普洱方茶、紧茶等。

图 5-5　云南普洱茶

二、黑茶的特性

（1）加工：采青——杀青——初揉——渥堆——复揉——烘焙——压制。

（2）原料：花色、品种丰富,大叶种等茶树的粗老梗叶或鲜叶经后发酵制成。

（3）颜色：青褐色,汤色橙黄或褐色,虽是黑茶,但泡出来的茶汤未必是黑色。

（4）香味：具陈香,滋味醇厚回甘。

（5）性质：温和。属后发酵茶,可存放较久,耐泡耐煮。

三、黑茶的作用

（一）降脂减肥

黑茶具有促进脂类物质排出的作用,因而能降低血液中总胆固醇、游离胆固醇、低密度脂蛋白胆固醇及三酸甘油酯的含量,从而减少动脉血管壁上的胆固醇沉积,降低动脉硬化的发病率,还可以活化蛋白激酶,加速脂肪分解,能有效降低机体脂肪积累,达到减肥瘦身作用。

（二）增强肠胃功能，提高免疫力

黑茶中的有效成分在抑制人体肠胃中有害微生物生长的同时，又能促进有益菌（如乳酸菌）的生长繁殖，具有良好的调理肠胃功能的作用。其生物碱类能促进胃液的分泌，黄烷醇类能增强肠胃蠕动。

研究还发现，黑茶中的儿茶素化合物和茶皂素对口腔细菌、螺旋杆菌、大肠杆菌、伤寒和副伤寒杆菌、葡萄球菌等多种病原菌有杀灭和抑制作用，因而具有消滞胀、止泻、消除便秘的作用，是民间止泻的良药。黑茶中的茶氨酸等具有良好的增强人体免疫力的功能。

（三）抗衰老，调节脑神经

人体的自然衰老与包括肿瘤、心脑血管等退行性疾病有一个同发的过程，即细胞受到氧自由基的氧化损害。人体的自由基95%以上为氧自由基，氧自由基是损伤生物大分子，参与多种疾病的发生与发展以及衰老的基础。

在正常情况下，人体内的自由基不断产生，也不断消除，处于平衡状态。但在某些情况下，自由基产生和消除失去平衡，造成蛋白质变性、酶活性降低等危害，从而导致各种疾病和加速衰老。黑茶中的儿茶素和复杂类黄酮物质，具有很活泼的羟基氢，能提供大量的氢质子与自由基反应，消除多余的自由基，从而保护人体。

（四）降血压、降血糖

黑茶中的茶氨酸能起到抑制血压升高的作用，而生物碱和类黄酮物质有使血管壁松弛，增加血管的有效直径，通过使血管舒张而使血压下降。糖尿病是威胁现代中老年人健康的疾病之一，随着人民生活水平的提高和人口老龄化的加剧，糖尿病的发病率逐步增加。迄今为止，糖尿病仍是一种无法根治的疾病，主要靠药物和调节饮食来控制。

有研究证明，茶叶中的茶多糖对降血糖有明显效果，其作用类似胰岛素。而黑茶中含有较多的茶多糖。

四、黑茶的用途

（一）黑茶对治疗习惯性便秘有一定的效果

春季是肠胃病易发时节，热饮黑茶，特别是陈年黑茶对治疗慢性肠炎有较好的效果。同时，饮用黑茶可消除腹胀、便秘，有治消化不良之妙用。

（二）以黑茶茶汁洗头可止痒秀发

黑茶茶汁中含有丰富的蛋白质、茶多酚、茶多糖及维生素和矿物质等。其中，蛋白质、茶多糖、维生素及矿物质等是毛发生长所必需的营养成分，茶多酚等物质又具有抗菌、消炎、抗过敏等作用。因此黑茶茶汁是天然的营养护发香波,具有去屑、止痒、护发的功效,长期使用可使头发洁净而具有光泽。

(三)黑茶泡脚能缓解疲劳、除臭抑菌

黑茶中含有丰富的茶多酚、茶多糖及维生素和矿物质等,茶多酚、茶皂素等有抑菌、抗过敏等作用;黑茶中的芳香物质又有除臭、消炎等功效。而且黑茶具有很强的兼容性,可选择适当的中药如红花、杜仲等与之调配,制成药茶足浴液,作用于足底经络,达到调节全身的目的。

任务实施

■ 活动目的

为再现茶叶销售中的介绍与对答,老师组织了一次销售情景模拟,通过实训,促使学生运用所学知识点,组织自己的语言介绍黑茶,并做到仪态大方、语言流畅,达到用人单位的要求。

■ 活动要求

1. 基础训练:5人一组,分别模拟客人和茶艺师进行黑茶干茶品鉴操作。
2. 应变训练:模拟客人的学生可在过程中提出各种合理要求,模拟茶艺师的学生进行应变训练。

■ 活动步骤

1. 分组讨论总结出黑茶的干茶特性,推测品名,并填表。
2. 选择其中一款黑茶,模拟客人的学生准备购买询问,模拟茶艺师的学生准备问题应对和介绍内容。
3. 客人提的问题不超过5个,茶艺师茶品介绍不超过3分钟。
4. 教师使用考核表对茶艺师模拟者进行打分,并公布结果。
5. 小组角色互换。
6. 教师点评。

■ 活动评价

表5-1所示为黑茶茶叶鉴别表,表5-2所示为黑茶销售模拟考核表。

表5-1 黑茶茶叶鉴别表

班级		姓名	组别	时间	
序号	项目	细则		得分(10分制)	记录者
1	颜色				
2	形状				
3	香味				

表 5-2 黑茶销售模拟考核表

班级		姓名	组别	时间	
实训内容	序号	考核要求		分值	得分
为客人介绍黑茶	1	黑茶类别		15	
	2	典型黑茶产区		10	
	3	黑茶的特性		65	
	4	仪容仪表及礼节		10	

 任务拓展

1. 以四川边茶为例,为客人介绍该茶类的主要特点。
2. 你还知道哪些有名的黑茶?通过上网查询等方式获得信息并记录下来。

任务二 备具布席

任务引入

李敏在品尝黑茶后,深深爱上这类茶,除了想带点伴手礼回去之外,还想深入了解这款茶的器具搭配和茶席布置,于是和茶社老板交流茶席设计。

理论知识

一、器具和材料准备

盖碗若干(依人数而定)、品茗杯若干(依人数而定)、茶道六君子(茶夹、茶勺、茶拨、茶漏、茶针、茶瓶)、水盂、茶盘。

二、茶席设计

（一）茶品

从茶席设计的角度来说，想布置一方茶席，想获得灵感，就从茶开始。茶的形态、香气、滋味，都能引发情感，提供茶席布置的思路。

（二）茶具组合

茶具组合是茶席设计的基础，也是茶席构成因素的主体。茶具组合的基本特征是实用性和艺术性相融合。实用性决定艺术性，艺术性又服务于实用性。因此，它的材质、造型、体积、色彩、内涵等方面，应作为茶席设计的重要部分加以考虑，并使其在整个茶席布局中处于较显著的位置，以便于对茶席进行动态的演示。图 5-6 所示为茶席中的茶具结合。

图 5-6　茶席中的茶具结合

三、黑茶茶具及其用途

一般喝黑茶常用到的茶具有 5 个，分别为盖碗、烧水壶、茶漏、公道杯和品茗杯。

（一）盖碗

盖碗（见图 5-7）多为陶瓷材质，最早为单人饮用茶具，而后因其便于观茶汤及叶底，易于掌握茶汤浓度发展为冲泡器具。

图 5-7 盖碗

（二）烧水壶

喝黑茶,最好用刚烧沸的水去泡。烧水壶(见图 5-8)除了烧水,还要扮演注水的角色。用铁壶烧水最好。

图 5-8 烧水壶

（三）茶漏

黑茶用的原料比较粗老,所以泡出来的茶有一定的茶叶沫。选一个好的茶漏(见图5-9)用来过滤黑茶渣是非常必要的。

（四）公道杯

泡出来的茶汤,统一用公道杯(见图 5-10)盛放,方便饮用。

图 5-9　茶漏

图 5-10　公道杯

（五）品茗杯

用品茗杯（见图 5-11）轻轻地酌上一小口，身心舒畅，且优雅而大气。

图 5-11　品茗杯

四、黑茶茶席布置

茶席无需奢华，但需洁净、简约。不使用的器具尽量放在桌面以外，如果为干泡，必须出现在桌面的水盂应尽量放置在顺手但不抢眼的地方。杯子、用具、花器等装饰，应符合主题，尽量素雅别致。盖置一类的小件装饰，颜色、材质应细细选择，尽量与茶席融为一体或与主泡器具呼应，避免喧宾夺主。

（一）茶席主题

黑茶茶席主题可以以茶品为主题、以茶事为主题、以茶人为主题。

图 5-12 所示就是为黑茶设计的主题茶席，铺垫浅色布品，黑白棋子拼成太极图案，壶、主泡器、盖碗颜色都选用黑白色系，颜色的对比又凸显了层次，同时这一色系与黑茶茶汤颜色形成呼应。以茶人为主题则可以从古今著名茶人及其茶事出发进行设计，辅以绿色装饰。

（二）茶品与茶具

茶品和茶具要根据茶席主题进行选择，黑茶的茶品可选择各地的代表茶，茶具可选择紫砂茶具或瓷器茶具，茶具的造型、颜色应与主题相配，特别需注意铺垫的选取。

（三）茶食

茶食亦讲究与茶席主题搭配，可选干果、鲜果、糖果、西点或中式点心。

（四）茶席配置

挂画、插画、焚香以及配乐是为茶席增色的部分。可根据茶席的主题适量搭配，营造氛围

图 5-12　黑茶茶席《对弈》

任务实施

活动目的

通过茶席布置活动,帮助学生准确认识冲泡黑茶的茶具,并且能够运用发散思维,精心策划独特的茶席。

活动要求

小组合作,独立创意。

活动步骤

1. 发布茶席布置小组任务,主题是:季节。
2. 分组进行创意策划,给出茶席名称。
3. 从教师准备的物品中进行选择。
4. 小组展示,简述创意。
5. 按照茶席考核表评选较优的三款茶席作为接待使用。
6. 教师点评。

活动评价

表 5-3 所示为茶具考核表,表 5-4 所示为黑茶茶席综合实训考核表。

表 5-3　茶具考核表

班级		姓名		组别		时间	

序号	项目	细则	分值	记录者
1	茶具的分类		40	
2	茶具的功能		40	
3	选择适宜的茶具		20	

表 5-4　黑茶茶席综合实训考核表

班级		姓名		组号		时间	

序号	项目	考核标准	分值	得分
1	主题	主题明确,具有新意	10	
2	茶品	选择茶品	15	
3	茶席布置过程	1. 茶席符合所选茶叶的茶性(10分) 2. 流程紧凑(10分) 3. 具有一定艺术审美(5分) 4. 器材齐全(20分) 5. 能够向客人介绍茶席(10分) 6. 解说词富有感染力(15分) 7. 礼仪周到(5分)	75	

任务拓展

以安化黑茶为例,布置与设计茶席并进行文字说明,课后请为本小组设计的茶席写一篇文案介绍。

任务三 冲泡黑茶

一、服务礼仪

(一)请客选茶、赏茶的礼仪

主人在泡茶款客前,应先拿出一些名优茶放在茶盘中,供客人挑选,以表达主人对客人的尊重,同时请客人仔细欣赏茶的外形、色泽等。

(二)取茶的礼仪

泡茶时将茶筒中的茶叶放入壶或杯中,应使用茶匙取茶,不要用手抓。若没有茶匙,可将茶筒倾斜对准壶或杯轻轻抖动,让适量的茶叶落入壶或杯中,这是讲卫生、讲文明的表现。就算是冲泡梯形小茶砖时这个细节也不可忽略。

(三)分茶礼仪

泡茶的时候"高冲水,低斟茶",注意不得溅出茶水,做到每位客人茶水水量一致,无厚此薄彼之意。分茶时要注意茶杯多放于客人右手前方。

(四)茶满欺客

斟茶时只斟七分即可,暗寓"七分茶三分情"之意。俗话说,"茶满欺客",茶满不便于握杯品饮。

(五)最后为自己添茶

每一泡茶,都应由茶主人进行扫尾。茶主人应随时关注每一道茶汤的变化,以便随时调整泡茶要素,以更好地发挥茶汤的品质。

(六)续茶礼仪

客人喝完杯中茶,并且到了"尾头",应尽快续杯。如果发现客人的杯子有茶渣,应该替客人重新洗杯或者换杯。主人应熟悉茶品状况，若茶汤已出现水味，应及时换茶。晚上品茶不宜太晚，并且适当注意观察，在喝得尽兴时候，也应该掌握茶局结束的时间。

二、冲泡流程

黑茶是一年四季皆可饮用的特殊茶品，被誉为"可以喝的古董"。这种"古董"有独特的喝法。黑茶的泡法不止一种，今天我们就详细介绍下黑茶的 7 种冲泡方法。

（一）盖碗冲泡

【必备器皿】盖碗、公道杯、品茗杯、滤网、随手泡。

【适宜茶品】各种黑茶。盖碗冲泡法适用面较广，试茶、品茶都可以采用盖碗冲泡（见图5-13）。

图 5-13　盖碗冲泡

【适用场合】各种场合。茶店、茶馆、私人茶室、居家、办公室等。

【操作流程】

1. 温杯

用开水把准备好的干净器皿再冲淋一次，一方面是为了卫生，另一方面也是给盖碗、公道杯、品茗杯加温。

2. 投茶

把要冲泡的黑茶投入盖碗中。投茶量（茶与水的比例）对整泡茶的影响很大，100 毫升左右的盖碗投茶 5 克左右为宜。

3. 润茶

将开水注入投放茶叶的盖碗中,洗茶一到两次,让茶叶充分苏醒、伸展开来。不建议饮用润茶的茶汤,可温一下杯倒掉或者直接倒掉。请注意注水的速度和角度。注水的速度会影响到水的温度,注水快则温度高,注水慢、水流细则水温相对要低一些,要针对所泡茶叶特性的不同做出适当调整。

4. 泡茶

泡茶时要注意出汤的时机,出汤过快则茶汤寡薄,出汤过慢则茶汤会太浓。

5. 分杯

把通过滤网冲泡好的茶汤分杯到品茗杯当中供大家分享,注意不要倒太满,"酒满茶半",最多不要超过七分。这是中国茶道的一个礼节,俗话说"酒满敬人,茶满欺人"。

6. 品茶

三口为品,意思就是要小口慢慢喝。如果茶汁过烫,则可薄薄地吸品品茗杯最表面的一层茶汤,一杯黑茶中表面的一层温度最低。

（二）小壶冲泡

【必备器皿】小壶、公道杯、品茗杯、滤网、随手泡。
【适宜茶品】各种茶品都可以用小壶冲泡(见图 5-14)。
【适用场合】各种场合。
【操作流程】同盖碗冲泡一致。

图 5-14 小壶冲泡

（三）小壶闷泡

【必备器皿】小壶、公道杯、品茗杯、滤网、随手泡。

【适用场合】茶店、茶馆、居家。

【操作流程】参看盖碗冲泡法。但泡的时间比盖碗冲泡要长,一般每次闷 1 分钟以上。不一样的地方在于小壶闷泡一般要把多次泡出的茶汤集中到一个公道杯中,然后再分杯品饮。

(四) 大壶闷泡

【必备器皿】大壶、公道杯、品茗杯、滤网、随手泡。

【适宜茶品】底料较粗的茶。

【适用场合】品茶的场合都比较适宜,不适合茶店试茶、茶艺表演等场合。

【操作流程】选用 350 毫升以上的大壶,投茶 5—7 克,然后同盖碗冲泡流程。

【注意事项】不要因为壶大就多投茶,这一点非常重要。千万不可根据小壶冲泡的比例来投茶。把握闷茶时间,一方面要充分了解茶性,用时间来控制茶汤浓度,另一方面还要兼顾场合的需要,品茶的人多,就可以略微多投一点茶,这样出汤快一点,不让大家久等,人少则反之。

(五) 铁壶煮茶

【必备器皿】铁壶(内附滤斗)、公道杯、品茗杯、滤网、电磁炉或煤气灶等可以给铁壶加热的设备。

【适宜茶品】级别较粗老的老茶。

【适用场合】居家、茶店、茶馆。

【操作流程】铁壶煮茶可以有三种不同的程序:先泡后煮、热水煮、冷水煮,投茶量依次递减,600 毫升的壶投茶 5—7 克即可。

【注意事项】煮茶可以使茶内的可溶性物质充分溶解到茶汤中,操作中要注意两点:一是加水不要太满,沸腾后会有大量的泡沫溢出;二是要注意防止烫伤,铁壶壶身的高温会把人烫伤,操作过程中要多加小心。

(六) 飘逸杯冲泡

【必备器皿】飘逸杯、随手泡。

【适宜茶品】各种黑茶。

【适用场合】居家、办公室。

【操作流程】把茶叶投入滤斗中,润茶后同盖碗冲泡的操作。飘逸杯在一个人用时也可直接当作品茗杯。

【注意事项】有条件的情况下最好不要用饮水机代替随手泡。

(七) 盖碗洗＋小壶泡＋铁壶煮

【必备器皿】小壶、盖碗、公道杯、品茗杯、滤网、随手泡、铁壶、大公道杯、电磁炉或煤气灶等可以给铁壶加热的设备。

【适宜茶品】极品老茶。

【适用场合】茶叶店、个人茶室、茶馆等冲泡设施齐全,对冲泡、品饮有较高追求的场所。

【操作流程】用盖碗润茶,然后把润好的茶转投到小壶中,用小壶沏泡品饮,待茶泡淡后投叶底到铁壶中,再煮一两次。

【注意事项】这是一套最隆重的泡茶方法,只推荐在冲泡极品老茶时使用。

以上是黑茶的7种冲泡方法。冲泡黑茶使用紫砂壶是非常不错的选择,但是不同的茶具冲泡出来的风味不同,在没有紫砂壶的情况下,不妨试试其他泡法,感受不一样的滋味。

黑茶类的制作过程一般注重发酵或后发酵,有的紧压成砖茶、饼茶和散茶。黑茶一般选用茶壶茶具冲泡,条件准许下可煮茶。

黑茶需使用沸水冲泡。具体冲泡方法如下。

泡茶前先取茶,即用黑茶刀顺着茶叶纹路,倾斜将整茶撬取下来即可。

第一步:投茶——将大约5克黑茶投入如意杯中。如意杯是泡黑茶的专用杯,它可以实现茶水分离,更好地泡出黑茶。

第二步:冲泡——按1∶40的茶水比例用沸水冲泡。由于黑茶比较老,所以泡茶时一定要用沸水,才能将黑茶的茶味完全泡出。

第三步:茶水分离——如果用如意杯冲泡黑茶,直接按杯口按钮,便可实现茶水分离。再将如意杯中的茶水倒入茶杯直接饮用即可,也可直接用如意杯饮用。

小提示:泡黑茶时不要搅拌黑茶或压紧黑茶茶叶,这样会使茶水浑浊。

任务实施

活动目的

认识黑茶及茶具,并通过比赛,检验学生实训成果,并提高学生的学习热情。

活动要求

1. 基础训练:按照4人一组,分别模拟客人和茶艺师进行黑茶服务操作。

2. 应变训练:模拟客人的学生可在过程中想出各种合理要求,模拟茶艺师的学生进行应变训练。

活动步骤

1. 以小组为单位进行黑茶冲泡的实训练习,做好充分准备。

2. 在小组内进行个人赛,并根据评价表推选出一名代表参加班级决赛。

3. 各组代表进行决赛,教师和其他同学观看。

4. 投票选出表现较优的三位选手。

5. 教师点评。

活动评价

表5-5所示为茶艺服务礼仪表1,表5-6所示为茶艺服务礼仪表2,表5-7所示为黑茶茶艺综合实训考核表。

表 5-5　茶艺服务礼仪表 1

序号	项目	细则	备注	记录者
1	仪容、仪表、服饰礼仪		10	
2	坐、站、走礼仪		30	
3	茶事服务礼仪		60	

表 5-6　茶艺服务礼仪表 2

序号	项目	细则	备注	记录者
1	赏茶礼仪		10	
2	取茶礼仪		10	
3	分茶礼仪		30	
4	续茶礼仪		30	
5	服务礼仪		20	

表 5-7　黑茶茶艺综合实训考核表

序号	项目	考核标准	分值	得分
1	迎宾服务	1. 微笑迎客，使用礼貌用语，迎宾入门(2分) 2. 询问用茶人数及预订情况。将客人引领到正确的位置(3分) 3. 若座位客满，向客人做好解释工作，有位置立即安排(2分) 4. 耐心解答客人有关茶品、茶点、茶肴以及服务、设施等方面的问题(3分)	10	
2	茶事服务	1. 客人入座后，服务员从客人右侧派送并问清客人需要何种茶水，按需开茶，介绍茶样和特点(5分) 2. 根据茶叶特点，准备干净、整洁及匹配的茶具，准备好泡茶用水(10分) 3. 冲泡流程合理，能合理地掌握水温、茶量和时间(15分) 4. 能够向客人介绍所选茶叶的茶汤品饮方法及冲泡要点(15分) 5. 能够解答客人提出的有关茶叶及茶艺的问题(20分) 6. 茶沏好后，从主宾起按顺时针方向从客人右边一一奉茶，茶水以七分满为宜，示意"请用茶"(5分) 7. 客人用茶过程中，应根据客人情况，及时添加茶汤，添汤顺序与第一次奉茶顺序一致(5分) 8. 桌面上有水渍或杂物时，应及时拭干和清理，以保持桌面的清洁(5分) 9. 能根据客人的消费情况，清楚地进行结账，对客人在消费方面存在的疑问进行耐心的解答(5分)	85	

序号	项目	考核标准	分值	得分
3	送客服务	1. 当客人准备离开时,提醒客人带好随身物品,送客 2. 送客人要送到厅堂口,让客人走在前面,自己走在后面(约1米距离)护送客人 3. 客人离店时,应主动拉门道别,真诚礼貌地感谢客人,并欢迎其再次光临	5	

项目小结

本项目学生通过认识黑茶、进行备具布席及冲泡任务的学习,能够熟练展示黑茶茶艺并回答相关问题。

项目训练

一、熟悉黑茶制作工艺及茶性,并能选择相应的茶具进行冲泡。
二、熟练掌握代表性黑茶的冲泡程序及技巧。

项目六
走进白茶

 项目目标

职业知识目标：

1. 掌握白茶的产地、代表、特性与鉴别。
2. 掌握茶具种类及用途、茶席布置。
3. 掌握白茶的服务礼仪、冲泡流程及基础知识。

职业能力目标：

1. 能熟练识别各产地白茶并能为宾客提供服务。
2. 掌握茶艺服务礼仪，能正确完成冲泡流程。

职业素养目标：

1. 培养热爱家乡茶文化的意识。
2. 逐步形成为客人服务的茶艺礼仪素养。
3. 养成善于思考、应变的能力。

知识框架

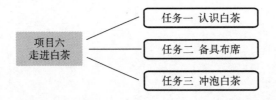

 项目导入

　　白茶是最近大众比较认可的一类茶品，它与其他茶类有着截然不同的特点，让我们一起走近白茶。

➡ 任务一 认识白茶

任务引入

　　来自新加坡的华侨张先生(张先生原籍福建)和他的朋友来到茶馆。茶艺师小王接待了他们,为张先生和他的朋友介绍了白毫银针,张先生就喜欢家乡特产白茶的味道。

　　我们一起来认识一下以白毫银针为代表的白茶系列吧。

理论知识

一、白茶的产地及代表

　　白茶,顾名思义,就是白色的茶,属轻微发酵茶,是我国茶类中的特殊珍品。因其成品茶多为芽头,满披白毫,如银似雪而得名。都说好山好水出好茶,那究竟是怎样的环境产出这样的茶呢? 今天我们就来了解下白茶的产地。

　　目前我国白茶的产地主要在福建省建阳、福鼎、政和、松溪等地,台湾省也有少量生产。福建省境内丘陵起伏,常年气候温和,雨量充沛(以福鼎为例,年均气温为 18.5 ℃,年降水量为 1661 毫米左右)。山地土壤以红、黄壤为主,主要种植福鼎大白茶、政和大白茶及水仙等优良茶树品种。

　　白茶主要品种有白牡丹、白毫银针。白牡丹因其绿叶夹银白色毫芯,形似花朵,冲泡后绿叶托着嫩芽,宛如蓓蕾初放,故得美名。白牡丹是采自大白茶树或水仙种的短小芽叶新梢的一芽一二叶制成的,是白茶中的上乘佳品。

　　而采自大白茶树的肥芽制成的白茶称为"白毫银针",因其色白如银,外形似针而得名,是白茶中最名贵的品种。其香气清新,冲泡后汤色淡黄,滋味鲜爽,是白茶中的极品。而采自菜茶(福建茶区对一般灌木茶树之别称)品种的短小芽片和大白茶片叶制成的白茶,分别称为贡眉和寿眉。贡眉的品质优于寿眉。

　　白茶是我国特产,它对茶树鲜叶原料有特殊要求,即要求嫩芽及其以下 1—2 片嫩叶都满披白毫,这样采制而成的茶叶外表满披白色茸毛,使其色白隐绿,冲泡后汤色浅淡,滋味醇和。白茶的主要品种有白毫银针、白牡丹、贡眉等。

（一）白毫银针

白毫银针（见图 6-1）产于福建福鼎、政和等地,始创于清代嘉庆年间（公元 1796—1820年）,简称银针,又称白毫,当代则多称银针白毫,但它不同于宋代所称的白茶和现代的凌云白毫（属绿茶类）、君山银针（属黄茶类）等茶。

白毫银针的品质特点是:外形挺直如针、芽头肥壮、满披白毫、色白如银。

此外,因产地不同,品质有所差异。产于福鼎的,芽头茸毛厚,色白有光泽,冲泡后汤色呈浅杏黄色,滋味清鲜爽口;产于政和的,滋味醇厚,香气芬芳。白毫银针在制造时,未经揉捻破碎茶芽细胞,所以冲泡时间比一般绿茶要长些,否则不易浸出茶汁。

图 6-1　白毫银针

（二）白牡丹

白牡丹（见图 6-2）产于福建政和、建阳、松溪、福鼎等地。它以绿叶夹银色白毫芽,形似花朵,冲泡后,绿叶托着嫩芽,宛若蓓蕾初绽而得名。于 20 世纪 20 年代初首创于建阳区水吉镇,现主销我国港、澳地区及东南亚等地。

白牡丹的品质特点是:外形不成条索,似枯萎花瓣,色泽灰绿或暗青苔色,冲泡后香气芬芳,滋味鲜醇,汤色杏黄或橙黄,叶底浅灰,叶脉微红,芽叶连枝。

（三）贡眉

贡眉（见图 6-3）主产于福建建阳、建瓯、浦城等地。贡眉多由菜茶芽采制而成,主销我国港、澳地区。

贡眉的品质特点是:外形芽心较小,色泽灰绿带黄,冲泡后香气鲜醇,滋味清甜,汤色黄亮,叶底黄绿,叶脉泛红。

图 6-2　白牡丹

图 6-3　贡眉

二、白茶的特性

（1）加工：采摘——萎凋——轻揉——干燥——拣剔——过筛——打堆——烘焙——装箱。

（2）原料：壮芽或嫩芽制造。

（3）颜色：色白隐绿，干茶外表满披白色茸毛。

（4）形状：大多是针形或长片形。

（5）香味：汤色浅淡，味道清鲜爽口、甘醇，香气弱。

（6）性质：外形芽毫完整、满身披毫，毫香清鲜，汤色黄绿清澈，滋味清淡回甘。性寒，有退热祛暑、促进血糖平衡、明目、保肝护肝、抗衰老等功效。

任务实施

活动目的

为了再现茶叶销售中的介绍与对答,老师组织了一次销售情景模拟。通过实训,促使学生运用所学知识点,组织自己的语言介绍白茶,并且做到仪态大方,语言流畅,达到用人单位的要求。

活动要求

1. 基础训练:5 人一组,讨论总结不同白茶干茶的品鉴操作,并推测品名。
2. 应变训练:模拟客人的学生可在过程中想出各种合理要求,模拟茶艺师的学生进行应变训练。

活动步骤

1. 分组讨论总结出三种白茶的干茶特性,推测品名,并填表。
2. 选择其中一款白茶,模拟客人的学生准备购买询问,模拟茶艺师的学生准备问题应对和介绍内容。
3. 客人提的问题不超过 5 个,茶艺师茶品介绍不超过 3 分钟。
4. 教师使用评价表对茶艺师模拟者进行打分,并公布结果。
5. 小组角色互换。
6. 教师点评。

活动评价

表 6-1 所示为白茶茶叶鉴别表,表 6-2 所示为白茶销售模拟考核表。

表 6-1 白茶茶叶鉴别表

班级		姓名	组别	时间	
序号	项目	细则		得分(10 分制)	记录者
1	颜色				
2	形状				
3	香味				

表 6-2 白茶销售模拟考核表

实训内容	序号	考核要求	分值	得分
为客人介绍白茶	1	白茶类别	15	
	2	典型白茶产区	10	
	3	白茶的特性	65	
	4	仪容仪表及礼节	10	

任务拓展

1. 以白毫银针为例,为客人介绍该类茶的主要特点。
2. 你还知道哪些有名的白茶? 通过上网查询等方式获得信息并记录下来。

任务二　备具布席

任务引入

　　王先生品尝白茶后,认为它相较于兰心蕙质的绿茶、浓酽醇香的红茶,似乎少了一些特色,但也有令人惊艳的一面。盼得水沸,第一杯入口,舌尖闪现的滋味竟是这样奇幻,仔细在脑海的味觉库中检索了一遍,居然没有一款茶与其相似,于是便深深地爱上了这款名茶。王先生还想了解这款茶的器具搭配和茶席布置,于是和茶社老板进行了深入的交流。

理论知识

一、器具和材料准备

　　白茶一般选用透明玻璃杯或透明玻璃盖碗,通过玻璃杯可以尽情地欣赏白茶在水中的千姿百态。

　　玻璃杯若干(依人数而定)、盖碗(玻璃、瓷、陶材质皆可)、大肚紫砂壶或大瓶瓷壶、茶海(或水盂)、茶叶罐、茶荷、茶道组、随手泡、茶巾。

二、茶席设计

(一)茶品

　　从茶席设计的角度来说,想布置一方茶席,想获得灵感,就从茶开始。它是以茶器为素材,并与其他器物及艺术相结合,展现某种茶事功能或表达某个主题的艺术组合形式,这些都能引发情感,提供想法。

(二)茶具组合

茶席的布置一般由茶具组合(见图 6-4)、席面设计、配饰选择、茶点搭配、空间设计五大元素组成。其中茶具是不可或缺的主角,其余辅助元素对整个茶席的主题风格具有渲染、点缀和加强的作用,在设计时可以根据主题要求,选择全部或部分辅助元素与茶具组合搭配。因此,在它的材质、造型、体积、色彩、内涵等方面,应作为茶席设计的重要部分加以考虑,并使其在整个茶席布局中处于最显著的位置,以便于对茶席进行动态的演示。

图 6-4　茶具组合

三、白茶茶具及用途

(一)盖碗

盖碗(见图 6-5)多为陶瓷材质,最早为单人饮用茶具,而后因其便于观茶汤及叶底,易于掌握茶汤浓度发展为冲泡器具。

图 6-5　盖碗

（二）烧水壶

喝白茶，最好用刚烧沸的水去泡。烧水壶（见图 6-6）应该每个家庭都有，其实除了烧水，它还要扮演注水的角色。用铁壶烧水最好。

图 6-6　烧水壶

（三）茶漏

选一个好的茶漏（见图 6-7）用来过滤茶汤中的各种杂质是非常必要的，它可以保证茶汤的口感。

图 6-7　茶漏

（四）公道杯

泡出来的茶汤，统一用公道杯（见图 6-8）盛放，方便饮用。

图 6-8　公道杯

（五）品茗杯

用品茗杯(见图 6-9)轻轻地酌上一小口,身心舒畅,且优雅而大气。

图 6-9　品茗杯

四、白茶茶席布置

生活中的美可以用不同的方式去体现,茶席设计就是其中一种。它不仅仅代表对茶的理解,也是代表对生活的理解。一组茶席,或素雅,或张扬,或青涩,或沉稳大气,无不体现出了生活中的种种姿态。

白茶茶席布置素雅简单,茶具、整体颜色、材质应仔细选择,尽量与白茶自然清新的气质融为一体。铺垫选用清爽的竹席垫,条桌上可辅以深蓝色亚麻布作装饰,主泡器选择白色瓷器盖碗,同色系的品茗杯和玻璃材质的公道杯,能最大程度凸显茶汤汤色。白茶茶席如图6-10所示。

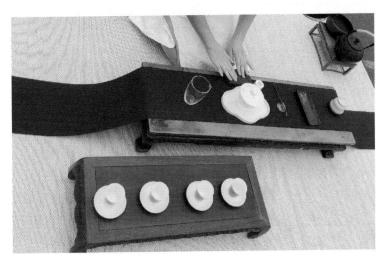

图 6-10 白茶茶席

任务实施

■ 活动目的

认识茶具,布置白茶茶席。

■ 活动要求

1. 基础训练:按照 5 人一组,对茶具进行识别。
2. 应变训练:茶席布置与所表演的茶艺训练。

■ 活动评价

表 6-3 所示为茶具考核表,表 6-4 所示为白茶茶席综合实训考核表。

表 6-3 茶具考核表

班级		姓名	组别		时间	
序号	项目	细则		分值	记录者	
1	茶具的分类			40		
2	茶具的功能			40		
3	选择适宜的茶具			20		

表 6-4　白茶茶席综合实训考核表

班级		姓名	组号	时间	
序号	项目	考核标准		分值	得分
1	主题	主题明确,具有新意		10	
2	茶品	选择茶品		15	
3	茶席布置过程	1. 茶席符合所选茶叶的茶性(10 分) 2. 流程紧凑(10 分) 3. 具有一定艺术审美(5 分) 4. 器材齐全(20 分) 5. 能够向客人介绍茶席(10 分) 6. 解说词富有感染力(15 分) 7. 礼仪周到(5 分)		75	

任务拓展

1. 以白牡丹为例,向客人介绍该类茶的主要特点。
2. 以白牡丹为例进行茶席布置与茶艺表演。

任务三　冲泡白茶

一、服务礼仪

(一)请客选茶、赏茶的礼仪

主人在泡茶款客前,应先拿出一些名优茶放在茶盘中,供客人挑选,以表达主人对客人的尊重,同时让客人仔细欣赏茶的外形、色泽等。白茶有四个种类,白毫银针、白牡丹、贡眉、寿眉,在泡茶之前可以细细介绍一番。

(二)取茶的礼仪

泡茶时将茶筒中的茶叶放入壶或杯中,应使用茶匙摄取,不要用手抓。若没有茶匙,可将茶筒倾斜对准壶或杯轻轻抖动,使适量的茶叶落入壶或杯中,这是讲卫生、讲文明的表现。就算是冲泡梯形小茶砖这个细节也不可忽略。

（三）分茶礼仪

泡白茶时"高冲水，低斟茶"讲求的是不得溅出茶水，做到每位客人茶水水量一致，无厚此薄彼之意。分茶时要注意茶杯多放于客人右手的前方。

（四）茶满欺客

斟茶时只斟七分即可，暗寓"七分茶三分情"之意。俗话说："茶满欺客"，茶满不便于握杯品饮！尤其是煮老白茶时，煮完后可以倒入公道杯中放凉一些再品鉴。

（五）最后为自己添茶

每一泡茶都应由茶主人进行扫尾，茶主人应随时关切每一道茶汤的变化，随时调整泡茶要素，以更好地发挥茶汤的品质。

（六）续茶礼仪

客人喝完杯中茶，并且到了"尾头"，应尽快"续杯"。如果发现客人的杯子有茶渣，应该替客人重新洗杯或者换杯。主人应熟悉茶品状况，若茶汤已现水味，应及时换茶。晚上品茶不宜时间太晚，最好喝温和的老白茶，并且适当注意观察，掌握茶局结束的时间。

二、冲泡流程

泡茶是门艺术，也要讲究技艺。只有采取正确的方法冲泡茶叶，才能泡出茶中真味，茶汤滋味才会更佳。而白茶是值得品饮的一款茶品，药用价值较高，常饮的益处很多。那么，白茶有几种冲泡方法呢？下面一起来了解看看。

（一）白茶的冲泡方法

不同茶叶有不同的泡法讲究，白茶的泡法分为五种，分别为杯泡法、盖碗泡法、壶泡法、大壶法、煮饮法。

1. 杯泡法

杯泡法（见图 6-11）是用 200 毫升透明玻璃杯，取 3—5 克茶叶，用 90 ℃水冲泡。先洗茶、温润、闻香，再用 90 ℃水直接冲泡白茶，冲泡时间根据个人喜好自由掌握。

2. 盖碗泡法

取白茶投入盖碗，用 90 ℃水洗茶、温润、闻香，然后用工夫茶泡法，第一泡 30—45 秒，以后每次递减，这样能品尝到福鼎白茶的清新口感。图 6-12 所示为盖碗泡法。

3. 壶泡法

选用大肚紫砂壶茶具或大容量飘逸杯，取 5—6 克福鼎白茶投入其中，用约 90 ℃水洗茶、温润、闻香，45 秒后即可品饮。壶泡法的特点是茶汤香气醇厚。图 6-13 所示为壶泡法。

图 6-11　杯泡法

图 6-12　盖碗泡法

图 6-13　壶泡法

4. 大壶法

取 10—15 克白茶投入大瓶瓷壶中，用 90—100 ℃水直接冲泡，喝完蓄水，白茶比较耐泡，长时间搁置后口感依然淡雅醇香，可从早喝到晚，适合家庭夏天消暑。

5. 煮饮法

用煮饮法泡的白茶适合用于保健，用清水投入 10 克 3 年以上陈年老白茶，煮约 3 分钟至浓汁滤出茶水,待凉至 70 ℃添加大块冰糖或蜂蜜,趁热饮用,常用于治疗嗓子发炎、水土不服,其口感醇厚奇特。夏天冰镇后饮用也别有一番风味。图 6-14 所示为煮饮法。

图 6-14　煮饮法

（二）喝白茶的注意事项

饮用白茶,不宜太浓,一般 150 毫升的水用 5 克的茶叶就足够了。水温要求在 90 ℃以上,第一泡时间约 5 分钟,经过滤后将茶汤倒入茶盅即可饮用。第二泡只要 3 分钟即可,也就是要做到随饮随泡。一般情况下一杯白茶以冲泡三次为宜。

白茶性寒凉,胃"热"者可在空腹时适量饮用;胃中性者,随时饮用都无妨;而胃"寒"者则要在饭后饮用。但白茶一般情况下是不会刺激胃壁的。

饮用白茶的用具,并无太多的讲究,可用茶杯、茶盅、茶壶等。如果采用"功夫茶"的饮用茶具和冲泡办法,效果会更好。

白茶用量,一般每人每天只要 5 克就足够,老年人更不宜太多。其他茶也是如此,饮多了就会物极必反,反而起不到保健的作用。这里还要给大家提个醒,肾虚体弱者、心率过快人、严重高血压患者、严重便秘者、严重神经衰弱者、缺铁性贫血者都不宜喝浓茶,也不宜空腹喝茶,否则可能引发"茶醉"现象。

白茶宜常饮,不宜间断。白茶的保健作用属细水长流,不可间断,否则,难以起到功效。古代名医华佗在《食论》中提出了"苦茗久食,益思意"的论点。茶还要择时而饮,不宜盲目饮用。

（三）白茶的品尝方法

1. 观色

白茶鲜叶越嫩、越饱满,白化程度越强,制成的干茶越显金黄,品质越高,越显尊贵。

2. 闻香

嫩香是白茶的特色之一,无论是干茶还是冲泡后的茶汤,嫩香越浓,越持久,品质越高。

3. 赏奇

用 90 ℃以上的开水冲泡,切勿加盖,至 3 分钟后,观白茶舒展,还原呈玉白色,叶片莹薄透明,叶脉呈翠绿色,叶底完整均匀、成朵,似片片翡翠起舞,颗颗白玉卧底,汤色嫩绿明亮,此时,白茶的独特性状达到至纯至美。

4. 品评

待茶汤凉至可入口时,细细品味,滋味鲜爽,唇齿留香,进入最高境界。

5. 添水

待茶汤饮至茶杯的三分之一时,添加开水再饮,一般冲饮三次为宜。

(四)白茶的冲泡方法

1. 茶具的选择

冲泡白茶所使用的茶具,可选择性较强。

可以用玻璃杯、紫砂壶、白瓷盖碗、煮茶壶、蒸茶器等冲泡,根据不同的品种选择不同的茶具。

冲泡白茶最好的茶具是白瓷盖碗,盖碗在冲泡的时候,能够直接观察到汤色、叶底的变化,能够很好地控制出水时间,是所有茶具中最为方便的。

2. 用水的选择

冲泡白茶,最好使用山泉水,其次是矿泉水、纯净水。

用山泉水冲泡出来的白茶,口感清甜,汤水柔和,滋味绵长,回甘隽永。

山泉水有清、轻、甘、活、冽的特点。

清:山泉水清冽,经过沙石的过滤,水质清澈。

轻:溶解固形物含量少,即矿物质含量少。

甘:钙、镁离子含量少,不会引起水滋味苦涩。

活:水含有的氧分子较多,冲泡后的茶汤多为鲜活饱满的口感。

冽:有似薄荷清凉的口感。

3. 水温

冲泡白茶,最好使用 90 ℃以上的水冲泡。

4. 冲泡手法

在此提醒茶友们,在冲泡老白茶的时候,可以选择用煮饮法冲泡。

煮过之后的老茶,滋味醇厚,尤其是老寿眉,粗大的茶梗在沸水的作用下,香气物质和果胶物质被释放,茶汤浓稠、甜香,回甘清甜。

煮饮,是一种额外的美妙体验。

任务实施

■ 活动目的

熟悉白茶的冲泡流程，掌握白茶的冲泡手法。

■ 活动要求

1. 基础训练：按照 5 人一组，分别模拟客人和茶艺师进行白茶服务操作。

2. 应变训练：模拟客人的学生可在过程中想出各种合理要求，模拟茶艺师的学生进行应变训练。

■ 活动步骤

1. 以小组为单位进行白茶冲泡的实训练习，做好充分准备。

2. 在小组内进行个人赛，并根据评价表推选出一名代表参加班级决赛。

3. 各组代表进行决赛，教师和其他同学观看。

4. 投票选出表现较优的三位选手。

5. 教师点评。

■ 活动评价

表 6-5 所示为茶艺礼仪考核表，表 6-6 所示为白茶茶艺综合实训考核表。

表 6-5　茶艺礼仪考核表

班级		姓名	组别		时间	
序号	项目	细则		得分(10 分制)		记录者
1	服饰					
2	坐姿、站姿、走姿					
3	服务					

表 6-6　白茶茶艺综合实训考核表

序号	项目	考核标准	分值	得分
1	迎宾服务	1. 微笑迎客，使用礼貌用语，迎宾入门(2 分) 2. 询问用茶人数及预订情况，将客人引领到正确的位置(3 分) 3. 若座位客满，向客人做好解释工作，有位置立即安排(2 分) 4. 耐心解答客人有关茶品、茶点、茶肴以及服务、设施等方面的疑问(3 分)	10	

续表

序号	项目	考核标准	分值	得分
2	茶事服务	1. 客人入座后,服务员从客人右侧派送并问清客人需要何种茶水,按需开茶,介绍茶样和特点(5分) 2. 根据茶叶特点,准备干净、整洁且相匹配的茶具,准备好泡茶用水(10分) 3. 冲泡流程合理,能合理地掌握水温、茶量和时间(15分) 4. 能够向客人介绍所选茶叶的茶汤品饮方法及冲泡要点(15分) 5. 能够解答客人提出的有关茶叶及茶艺的问题(20分) 6. 茶泡好后,从主宾起按顺时针方向从客人右边一一奉茶,茶水以七分满为宜,示意"请用茶"(5分) 7. 客人用茶过程中,应根据客人情况,及时添加茶汤,添汤顺序与第一次奉茶顺序一致(5分) 8. 桌面上有水渍或杂物时,应及时拭干和清理,以保持桌面的清洁(5分) 9. 能根据客人的消费,清楚地结账,对客人在消费上存在的疑问进行耐心的解答(5分)	85	
3	送客服务	1. 当客人准备离开时,提醒客人带好随身物品,送客 2. 送客人至厅堂口,让客人走在前面,自己走在后面(约1米距离)护送客人 3. 客人离店时,应主动拉门道别,真诚礼貌地感谢客人,并欢迎其再次光临	5	

项目小结

本项目通过认识白茶、进行备具布席及冲泡任务的完成,能够熟练展示白茶茶艺并回答相关问题。

项目训练

一、熟悉白茶制作工艺及茶性,并能选择相应的茶具进行冲泡。
二、熟练掌握代表性白茶的冲泡程序及技巧。

项目七
走 进 黄 茶

 项目目标

职业知识目标：

1. 掌握黄茶的基础知识。
2. 掌握黄茶的茶具选择与冲泡流程的基础知识。

职业能力目标：

1. 能熟练选择适合黄茶的茶具，为宾客提供服务准备。
2. 掌握茶艺服务礼仪，能正确完成冲泡流程。
3. 能熟练介绍名优黄茶并冲泡。

职业素养目标：

1. 培养热爱家乡茶文化的意识。
2. 逐步形成为客人服务的茶艺礼仪素养。
3. 养成善于思考、应变的能力。

知识框架

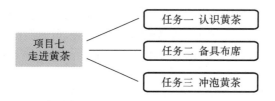

 项目导入

黄茶作为中国六大茶类之一，它气质内敛，口感温润香甜，自唐代开始即为贡茶。黄茶以其独特的制作工艺和品质特点,被诸多王侯将相、贤达雅士所欣赏。然而黄茶产量并不高,对于大众来说稍显神秘,今天我们就一起走进黄茶的世界吧。

任务一 认识黄茶

任务引入

> 黄茶的诞生颇为巧合,是在生产绿茶时制作工艺出现偏差而偶然得到的,因此与绿茶的制作工艺十分相似,但是黄茶与绿茶的口感、汤色和外观都有很大区别。现在我们就开启"走进黄茶之旅"来认识黄茶吧。

理论知识

一、黄茶的产地及代表

图 7-1 所示为黄茶种类及产地代表。

(一)芽茶

1. 君山银针

君山银针(见图 7-2)产于湖南省岳阳市君山区洞庭湖边的君山,形细如针,故名君山银针。其成品茶芽头苗壮,长短大小均匀,茶芽内面呈金黄色,外层白毫显露完整,而且包裹坚实,茶芽外形酷似银针,雅称"金镶玉"。"金镶玉色尘心去,川迥洞庭好月来",君山茶历史悠久,唐代就已生产、出名。据说文成公主出嫁时就选了君山银针带入西藏。

2. 蒙顶黄芽

蒙顶黄芽(见图 7-3)产于四川省雅安市蒙顶山。蒙顶茶栽培始于西汉,距今已有二千多年的历史,古时为贡品,供历代皇帝享用,新中国成立后曾被评为全国十大名茶之一。

蒙顶黄芽采摘于春分时节,茶树上有 10% 的芽头叶片展开,即可开园采摘。选圆肥单芽和一芽一叶初展的芽头,经复杂制作工艺,使成茶外形扁直,芽条匀整,色泽嫩黄,芽毫显露,

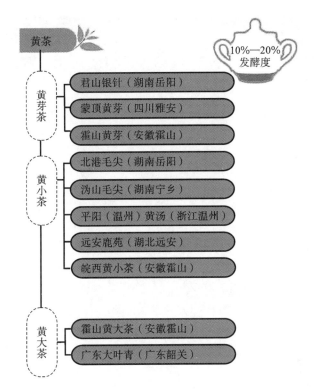

图 7-1 黄茶种类及产地代表

图 7-2 君山银针

花香悠长,冲泡后汤色黄亮透碧,滋味鲜醇回甘,叶底全芽嫩黄,为黄茶之极品。

图 7-3　蒙顶黄芽

二、黄茶的特性

（1）加工：图 7-4 所示为黄茶加工流程。

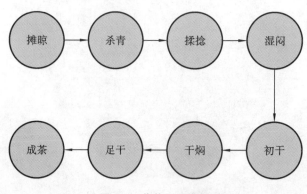

图 7-4　黄茶加工流程

黄茶的品质特点是黄叶黄汤，制法特点主要是闷黄过程中利用高温杀青，破坏酶的活性，其后多酚物质的氧化作用则是由于湿热作用引起，并产生一些有色物质。变色程度较轻的是黄茶，程度重的则形成了黑茶。

黄茶典型工艺流程是杀青、闷黄、干燥,揉捻不是黄茶的必需工艺。如君山银针和蒙顶黄芽就不需揉捻,黄大茶在锅内边炒边揉捻,也没有独立的揉捻工序。

闷黄是黄茶制造工艺的特点,是形成黄叶黄汤的关键工序。从杀青到干燥结束,都可以为茶叶的黄变创造适当的湿热工艺条件,但作为一个制茶工序,有的茶在杀青后闷黄,有的则在毛火(茶叶烘干分两次进行时,第一次烘干称毛火)后闷黄,有的闷炒交替进行。针对不同茶叶品质,方法不一,但都是为了形成良好的黄叶黄汤品质特征。

影响闷黄的因素主要有茶叶的含水量和叶温。含水量多,叶温越高,则湿热条件下的黄变过程也越快。

(2)原料:除黄大茶要求一芽四叶或一芽五叶新梢外,其余的黄茶都对芽叶要求细嫩、新鲜、匀齐、纯净。按其鲜叶的嫩度和芽叶大小,分为黄芽茶、黄小茶和黄大茶三类。

(3)颜色:黄叶黄汤。

(4)形状:扁直形、针形、卷曲形、条状等。

(5)香味:清香悠长。

(6)性质:黄茶是轻发酵茶,富含茶多酚、氨基酸、可溶糖、维生素等丰富营养物质,可提神醒脑,消除疲劳,消食化滞等。黄茶是沤茶,在沤的过程中,会产生大量的消化酶,对脾胃有好处,消化不良、食欲不振、懒动肥胖都可饮而化之。

任务实施

■ 活动目的

为再现茶叶销售中的介绍与对答,老师组织了一次销售情景模拟。通过实训,促使学生运用所学知识点,组织自己的语言介绍黄茶,并且做到仪态大方,语言流畅,达到用人单位的要求。

■ 活动要求

1. 基础训练:按照 5 人一组,讨论总结不同黄茶干茶的品鉴操作,并推测品名。
2. 应变训练:模拟客人的学生可在过程中想出各种合理要求,模拟茶艺师的学生进行应变训练。

■ 活动步骤

1. 分组讨论总结出五种黄茶的干茶特性,推测品名,并填表。
2. 选择其中一款黄茶,模拟客人的学生准备购买询问,模拟茶艺师的学生准备问题应对和介绍内容。
3. 客人提的问题不超过 5 个,茶艺师茶品介绍不超过 3 分钟。
4. 教师使用考核表对茶艺师模拟者进行打分,并公布结果。
5. 小组角色互换。
6. 教师点评。

■ **活动评价**

表 7-1 所示为黄茶茶叶鉴别表,表 7-2 所示为黄茶销售模拟考核表。

表 7-1　黄茶茶叶鉴别表

班级		姓名		组别		时间	
序号	项目		细则		得分(10 分制)		记录者
1	颜色						
2	形状						
3	香味						

表 7-2　黄茶销售模拟考核表

实训内容	序号	考核要求	分值	得分
为客人介绍黄茶	1	黄茶类别	15	
	2	典型黄茶产区	10	
	3	黄茶的特性	65	
	4	仪容仪表及礼节	10	

任务拓展

1. 以四川黄茶——蒙顶黄芽为例,为客人介绍该茶的主要特点。
2. 你还知道哪些有名的黄茶? 通过上网查询等方式获得信息并记录下来。

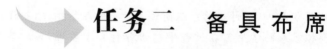

任务二　备具布席

任务引入

　　王肖在品尝了蕊蕊冲泡的蒙顶黄芽后,深深爱上了这款名茶,除了想带点伴手礼回去外,还想熟悉这款茶的器具搭配和茶席布置,于是和蕊蕊主动攀谈起来。

理论知识

一、器具和材料准备

玻璃杯若干（依人数而定）、中型盖碗（玻璃、瓷、陶材质皆可）、品茗杯若干（依人数而定）、茶海（或水盂）、茶叶罐、茶荷、茶道组、随手泡、茶巾。

器具以玻璃杯冲泡为例准备。

（一）玻璃杯

冲泡黄茶最好用透明的玻璃杯（见图7-5），并用玻璃片作盖。这样泡黄茶最能展现黄茶的神韵。

图7-5 玻璃杯

（二）茶荷

选用观赏性强的茶荷（见图7-6），能呈现黄茶纯粹材质为佳，不影响黄茶的色泽。

图 7-6　茶荷

（三）茶道组

选择材质合适的茶道组（见图 7-7）。

图 7-7　茶道组

（四）水壶

选用玻璃水壶（见图 7-8），配合整个茶席显得清简淳朴。

（五）茶叶罐

选用适合存放黄茶的茶叶罐（见图 7-9）。

（六）茶巾

茶巾（见图 7-10）用麻、棉等纤维制造，其主要功用是干壶，于酌茶之前将茶壶或茶海底部残留的杂水擦干，亦可擦拭滴落桌面的茶水。

图 7-8 水壶

图 7-9 茶叶罐

图 7-10 茶巾

茶席配件需和黄茶整体色泽搭配。

二、茶席设计

（一）茶品

茶是茶席设计的灵魂，也是茶席设计的思想基础。因茶，而有茶席。因茶，而有茶席设计。茶在一切茶文化以及相关的艺术表现形式中，既是源头又是目标。茶是茶席设计的首要选择。因茶而产生的设计理念，往往会构成设计的主要线索。黄茶，是轻发酵茶，香气馥郁，滋味醇厚，冲泡器具应以紫砂为最佳。但黄茶中的黄芽茶是用春天萌发的芽头制作而成的，外形笔直挺实，色泽金黄光亮，极富个性，用洁净透明的玻璃杯冲泡，非常具有观赏性。因此为观赏其秀美之形，多选用玻璃杯冲泡。图 7-11 所示为黄茶茶品。

图 7-11　黄茶茶品

（二）茶具组合

茶具组合（见图 7-12）是茶席设计的基础，也是茶席构成的主体。茶具组合的基本特征是实用性和艺术性相结合。实用性决定艺术性，艺术性又服务于实用性。因此，在它的材质、造型、体积、色彩、内涵等方面，应作为茶席设计的重要部分加以考虑，并使其在整个茶席布局中处于显著的位置，以便对茶席进行动态的演示。

（三）铺垫

铺垫（见图 7-13）指的是茶席整体或布局物件摆放下的铺垫物。铺垫的材质有很多种，选用的时候，要考虑整体色彩，不影响茶器具呈现。铺垫的直接作用：一是使茶席中的器物不直接触及桌（地）面，以保持器物清洁；二是以自身的特征辅助器物共同完成茶席设计的主题，增加美感。

图 7-12 茶具组合

图 7-13 铺垫

（四）插花

插花（见图 7-14）的选用要注重线条、构图的美和变化，以达到朴素大方、清雅绝俗的艺术效果。

（五）焚香

焚香（见图 7-15）在茶席中的地位一直十分重要，它不仅作为一种艺术形态融于整个茶席中，同时，它美好的气味弥漫于茶席四周的空间，使人在嗅觉上获得非常舒适的感受。香味，有时还能唤起人们意识中的某种记忆，从而使品茶的内涵变得更加丰富多彩。

（六）挂画

挂画又称挂轴。茶席中的挂画，是悬挂在茶席背景环境中书与画的统称。书以汉字书法为主，画以中国画为主。

人们品茶，从根本上来说，是通过感官来获得感受。但影响感觉系统的因素很多，视、

图 7-14　插花

图 7-15　焚香

听、味、触、嗅觉的综合感觉,也会直接影响品茶的感觉。综合感觉会生发某种心情。相关挂画不仅能有效地陪衬、烘托茶席的主题,还能在一定的条件下,对茶席的主题起到深化的作用。

（七）茶点茶果

茶点茶果,是对在饮茶过程中佐茶的茶点、茶果、和茶食的统称。其主要特征是:分量较少、体积较小、制作精细、样式清雅。

（八）背景

茶席的背景,是指为获得某种视觉效果,设定在茶席之后的艺术物态方式。茶席的价值是通过观众审美而体现的。因此,视觉空间的相对集中和视觉距离的相对稳定就显得特别重要。单从视觉空间来讲,假如没有一个背景的设立,人们可以从任何一个角度自由欣赏,从而使茶席的角度比例及位置方向等设计失去了价值和意义,也使观赏者不能准确获得茶席主题所传递的思想内容。茶席背景的设定,就是解决这一问题的有效方式之一。背景还起着视觉上的阻隔作用,使人在心理上获得某种程度的安全感。图 7-16 所示为黄茶茶席。

图 7-16　黄茶茶席

任务实施

■ 活动目的

通过茶席布置活动,帮助学生准确认识冲泡黄茶的茶具,并且能够发散思维、精心策划独特的茶席。

■ **活动要求**

小组合作,独立创意。

■ **活动步骤**

1. 发布茶席布置小组任务,主题为季节。
2. 分组进行创意策划,给出茶席名称。
3. 从教师准备的物品中进行选择。
4. 小组展示,简述创意。
5. 按照茶席评价表评选较优的三款茶席作为接待使用。
6. 教师点评。

■ **活动评价**

表 7-3 所示为茶具考核表,表 7-4 所示为黄茶茶席综合实训考核表。

表 7-3　茶具考核表

班级		姓名	组别		时间	
序号	项目	细则		分值	记录者	
1	茶具的分类			40		
2	茶具的功能			40		
3	选择适宜的茶具			20		

表 7-4　黄茶茶席综合实训考核表

班级		姓名	组号		时间	
序号	项目	考核标准		分值	得分	
1	主题	主题明确,具有新意		10		
2	茶品	选择茶品		15		
3	茶席布置过程	1. 茶席符合所选茶叶的茶性(10 分) 2. 流程紧凑(10 分) 3. 具有一定艺术审美(5 分) 4. 器材齐全(20 分) 5. 能够向客人介绍茶席(10 分) 6. 解说词富有感染力(15 分) 7. 礼仪周到(5 分)		75		

任务拓展

优质的文案能够帮助观众更好地理解茶席布置用意,因此课后请为本小组设计的茶席写一篇文案介绍。

任务三 冲泡黄茶

任务引入

蒙顶黄芽发源地是四川省雅安市的蒙顶山,它是古代进贡给皇上用的茶叶之一,被评为中国十大名茶之一。从外观看,颜色发黄居多,主要以芽为主,泡在水里,芽尖往上,在水里摇摇欲坠,特别漂亮。

王肖说一位专业人士传授给他的蒙顶黄芽泡法:首先用开水把蒙顶黄芽的芽烫开,然后再往杯里注入一些凉白开,当注入杯的三分之二时,再往杯里注入一些 90 ℃的热水。这样就把蒙顶黄芽泡成功了。他说这样泡出来的蒙顶黄芽很漂亮,也很好喝。

茶艺师蕊蕊决定让王肖试试另外一种蒙顶黄芽泡法,看哪种泡法更好喝。

理论知识

一、冲泡步骤

(一)温杯

建议茶具最好用透明的玻璃杯,有利于观赏和散热。用 80—90 ℃的热水,将玻璃杯温烫一下,使其均匀受热后,弃水。

(二)置茶

1. 下投法
轻轻将适量(约 3 克,也可根据个人习惯而定)干茶拨入杯中。

2. 中投法
先将 80—90 ℃的热水倒入玻璃杯至三分之一处,再将适量干茶拨入杯中。

（三）润茶

1. 下投法

将 80—90 ℃的热水倒入杯中至三分之一处，使茶芽湿透。

2. 中投法

此时不必再加水，只需缓慢轻微地转动杯子，让水慢慢地浸润茶叶。图 7-17 所示为润茶。

图 7-17　润茶

（四）冲水

冲泡用水建议首选清澈的山泉水，其次为纯净水。

高提水壶，利用手腕的力量上下提拉冲水，反复三次至七分满即可，雅称"凤凰三点头"。三次注水能冲击茶汤，激发茶性，也寓意向客人鞠躬三次，以示欢迎。

如果觉得上述方法麻烦，也可沿杯壁缓缓倒入 80—90 ℃的热水直至七分满，一次完成。图 7-18 所示为冲水。

（五）品饮观赏

蒙顶黄芽冲泡后，可见茶芽上下沉浮，渐次直立，有的亭亭玉立，如妙龄少女；有的犹如雀舌含珠，似春笋出土……真是妙不可言，让人啧啧称赞。

茶汤汤色黄亮，滋味鲜醇回甘，甜香浓郁，其特征为"黄叶黄汤"。3—5 分钟后即可饮用。图 7-19 所示为品饮观赏。

二、冲泡注意事项

（一）忌用保温杯泡茶

沏茶宜用玻璃杯或陶瓷壶、杯，忌用保温杯。因为用保温杯泡黄芽，茶水较长时间保持

图 7-18　冲水

图 7-19　品饮观赏

高温,会导致茶叶被闷熟而使茶汤汤色加深;一部分芳香物质逸出,导致香味减少;浸出的鞣酸和茶碱过多,苦涩味加重。

(二)忌泡茶时间过长

蒙顶黄芽茶叶浸泡 3—5 分钟后饮用最佳,此时大部分咖啡因和其他可溶性物质已经浸出。时间太长,茶水苦涩味就会加重。

任务实施

活动目的

认识蒙顶黄芽的冲泡流程,并会解说蒙顶黄芽的特性。

活动要求

1. 基础训练:5人一组,分别模拟客人和茶艺师进行黄茶冲泡操作。

2. 应变训练:模拟客人的学生可在过程中想出各种合理要求,模拟茶艺师的学生进行应变训练。

活动评价

表 7-5 所示为黄茶茶艺考核表。

表 7-5　黄茶茶艺考核表

专业:　　　　　　班级:　　　　　　学号:　　　　　　姓名:

序号	测试内容	评分标准	应得分	实得分
1	备具	物品齐全,整齐美观,便于操作	10	
2	赏茶	姿态规范优美,眼神有交流	10	
3	温具	手势正确,动作规范	10	
4	置茶	投茶量适当	10	
5	润茶	注水均匀,水量适当,水流紧贴杯壁,动作优美	10	
6	冲泡	三点头动作优美,水流不断,水量均匀	10	
7	奉茶	礼貌规范,不碰杯口	10	
8	品茗	有一定品鉴能力,有营销意识	10	
9	整体印象	仪表自然端庄,行茶连绵协调,过程完整流畅	10	
10	茶汤质量	温度适宜,汤色透亮均匀,滋味鲜醇爽口,叶底完美	10	

任务拓展

首先温杯洁具,接着烧水,水烧开后把水倒入玻璃杯中,待水温到 85—90 ℃时,放入 4 克蒙顶黄芽,轻轻摇晃茶杯,等蒙顶黄芽全部伸展开时,再往杯中注入三分之一的水,水和茶的比例按照 50∶1 冲泡,轻轻摇晃茶杯,这样一杯蒙顶黄芽就泡好了,分别给朋友们品尝。第一泡的出汤时间在 20 秒左右,分出茶水后,在杯子里留三分之一,这叫留根法,再用 85—90 ℃水泡第二泡、第三泡,蒙顶黄芽泡三泡就可以了。

以上冲泡方式是否适合蒙顶黄芽的冲泡?请谈理由。

项目小结

　　本项目通过认识黄茶、进行布具备席及冲泡任务的完成，能够熟练展示黄茶茶艺并回答相关知识问题。

项目训练

　　一、推荐一款名品黄茶给身边的亲友，并介绍它的特点。

　　二、设计黄茶茶席并进行冲泡演示。

项目八
走进再加工茶与调饮茶

项目目标

职业知识目标：

1. 掌握再加工茶的产地、代表、特性与鉴别。
2. 掌握再加工茶的茶具选择与茶席布置的基础知识。
3. 掌握再加工茶的服务礼仪及冲泡流程基础知识。
4. 掌握调饮茶的基础知识。

职业能力目标：

1. 能熟练选择适合再加工茶的茶具为宾客提供服务准备。
2. 掌握茶艺服务礼仪，能正确完成冲泡流程。
3. 能熟练用红茶制作调饮茶。

职业素养目标：

1. 培养热爱家乡茶文化的意识。
2. 逐步形成为客人服务的茶艺礼仪素养。
3. 养成善于思考、应变的能力。

知识框架

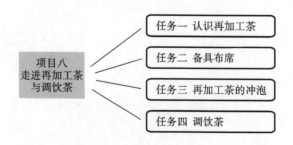

项目导入

2019 年 8 月,世警会在成都举办,来自澳大利亚的选手在比赛完成后走进了成都的一家茶社,他们想要品尝最能代表四川的茶。

任务一　认识再加工茶

任务引入

武阳茶馆里,来了一位来自泰国的客人李先生,李先生对单纯的六大类茶叶不太感兴趣,想尝试一些混合口味的茶叶,实习茶艺师蕊蕊,为李先生介绍中国的再加工茶。

我们一起来认识一下以四川花茶为代表的中国再加工茶类。

理论知识

一、再加工茶的产地及代表

再加工茶类是以基本茶类——绿茶、红茶、乌龙茶、白茶、黄茶、黑茶的原料经再加工而成的产品。它包括以下品类:花茶、萃取茶、紧压茶、果味茶和保健茶等,分别具有不同的品味和功效。以下重点介绍几种。

(一)花茶

最为常见的再加工茶类就是花茶,它由茶叶和香花拼合窨制,利用茶叶的吸附性,使茶叶吸收花香而成。有茉莉花茶(见图 8-1)、珠兰花茶、白兰花茶、玫瑰花茶、桂花茶等。窨制花茶的茶坯,主要是烘青绿茶及少量的细嫩炒青绿茶。加工时,将茶坯及正在吐香的鲜花一层层地堆放,使茶叶吸收花香,待鲜花的香气被吸尽后,再换新的鲜花按上面的方法窨制。

花茶香气的高低,取决于所用鲜花的数量和窨制的次数,窨次越多,香气越高。市场上销售的普通花茶一般只经过一两次窨制，花茶香气浓郁，饮后给人以芬芳开窍的感觉，受到我国各地区人民的喜爱。

图 8-1　茉莉花茶

再加工茶各地都在生产，中国比较出名的有四川的茉莉花茶、台湾的再加工茶类。

（二）萃取茶

萃取茶（见图 8-2）是以成品茶或半成品茶为原料制成的再加工茶。现在一般是用热水或其他溶剂萃取茶叶中的可溶物，滤去茶渣，获得的茶汁经过浓缩或干燥制成的固态或液态茶，包括速溶茶、浓缩茶和罐装饮料等。

图 8-2　萃取茶

（三）果味茶

果味茶是在茶叶成品或半成品中加入果汁制成的再加工茶，既有茶味，又有果味。主要品种有荔枝红茶、柠檬红茶、猕猴桃茶、橘汁茶、山楂茶等。

二、再加工茶类的特性——以四川茉莉花茶为例

1. 颜色

视茶类而别,但都会有少许花瓣存在。

2. 原料

以茶叶加花窨制而成,茉莉花、玫瑰、桂花、黄枝花、兰花等,都可加入各类茶中窨制成花茶。

3. 香味

浓郁花香和茶味。

4. 性质

凉温都有,因含有花的特质,饮用花茶另有花的风味。

任务实施

实习茶艺师蕊蕊给来自泰国的李先生准备了再加工茶叶的典型代表——茉莉花茶,邀请他来品鉴干茶,再来决定喝哪一款茶。

■ **活动目的**

认识四川花茶。

■ **活动要求**

1. 基础训练:按照 5 人一组,分别模拟客人和茶艺师进行花茶干茶品鉴操作。

2. 应变训练:模拟客人的学生可在过程中想出各种合理要求,模拟茶艺师的学生进行应变训练。

■ **活动步骤**

1. 分组讨论总结出茉莉花茶的干茶特性,推测品名,并填表。

2. 选择其中一款茉莉花茶,模拟客人的学生准备购买询问,模拟茶艺师的学生准备问题应对和介绍内容。

3. 客人提的问题不超过 5 个,茶艺师茶品介绍不超过 3 分钟。

4. 教师使用评分表对茶艺师模拟者进行打分,并公布结果。

5. 小组角色互换。

6. 教师点评。

■ **活动评价**

表 8-1 所示为花茶茶叶鉴别表,表 8-2 所示为面试评分表。

表 8-1　花茶茶叶鉴别表

班级		姓名		组别		时间	

序号	项目	细则	得分(10 分制)	记录者
1	颜色			
2	形状			
3	香味			

表 8-2　面试评分表

评分项目	标准	标准分	得分
仪容仪表	符合茶艺师职业要求	20	
介绍词	语言准确,无知识错误;简介明了、通俗易懂,涵盖知识点	30	
介绍语言	语音、语调自然流畅,声音洪亮有节奏	20	
神态动作	与面试官有眼神交流、动作符合介绍语言	20	
整体印象	仪态自然端庄,配合微笑	10	

任务拓展

1. 以台湾再加工茶——桂花乌龙茶为例,为客人介绍该茶的主要特点。
2. 你还知道哪些有名的再加工茶类? 通过上网查询等方式获得信息并记录下来。

任务二　备 具 布 席

任务引入

　　泰国的李先生准备品尝四川特色的再加工茶,看中了一款名为"碧潭飘雪"的茉莉花茶,实习茶艺师蕊蕊将进行茶具和茶席的准备,我们一起来看看她是怎么为李先生准备花茶茶具和布置茶席的。

理论知识

一、再加工茶茶具种类及用途——以冲泡四川花茶为例

茶具古代又称茶器或茗器,通常是指人们在饮茶过程中所使用的各种器具。饮茶时,选用精美、适宜的茶具,不仅能衬托出茶汤的色泽,增加情趣,而且可以发挥不同品类茶叶的特点。同时,茶具本身的材质、造型、色泽、图案等蕴含的艺术内容,具有艺术欣赏价值,还可使人陶冶性情,增长知识,增添品茗的乐趣。

四川花茶最好使用瓷器类的茶具。自唐代起,随着我国的饮茶之风大盛,茶具生产获得了飞跃的发展。唐、宋、元、明、清代相继涌现了一大批生产茶具的著名窑场,精品辈出,所产瓷器茶具有青瓷茶具、白瓷茶具、黑瓷茶具和青花瓷茶具等。瓷器类茶具比玻璃类的茶具具有更好的保温性,且其透气性适中,光洁易清洗。

(一)青瓷茶具

青瓷茶具色泽纯正,透明发光,材质细腻,造型端庄,釉色青莹,纹样雅丽。这种茶具除具有瓷器茶具的众多优点外,因色泽青翠,用来冲泡绿茶,更有益汤色之美。不过,用它来冲泡红茶、白茶、黄茶、黑茶,则易使茶汤失去本来面目,似有不足之处。

(二)白瓷茶具

白瓷茶具因色泽洁白,能反映出茶汤色泽,传热、保温性能适中,加之色彩缤纷,造型各异,堪称饮茶器皿中之珍品,适合冲泡各类茶叶。加之白瓷茶具造型精巧,装饰典雅,其外壁多绘有山川河流,四季花草,飞禽走兽,人物故事,或缀以名人书法,又颇具艺术欣赏价值,所以,使用最为普遍。

(三)彩瓷茶具

彩瓷茶具的品种花色很多,其中尤以青花瓷茶具最引人注目。我国青花瓷茶具的主要生产地在景德镇,它的特点是:花纹蓝白,相映成趣,有赏心悦目之感;色彩淡雅,幽菁可爱,有华而不艳之力,适合冲泡花茶、绿茶、乌龙茶等。

二、花茶茶席布置

在选择茶具时,茶具与茶品色泽要一致。外观颜色的选择搭配,饮具内壁以白色为好,能真实反映茶汤色泽与明亮度。以主茶具的色泽为基准,配以辅助用品。花茶的主茶具盖碗,一般来说摆三个在茶席中,再辅以其他茶具如铺垫、插花、茶匙、随手泡、茶荷等。一般来

说进行一个茶席设计需要包含以下因素。

（一）茶品——以四川茉莉花茶"碧潭飘雪"为例

茶是茶席设计的灵魂，也是茶席设计的思想基础。因茶，而有茶席。因茶，而有茶席设计，接下来为四川花茶典型代表"碧潭飘雪"设计茶席。

（二）茶具组合——四川盖碗

茶具组合是茶席设计的基础，也是茶席构成因素的主体。茶具组合的基本特征是实用性和艺术性相融合。实用性决定艺术性，艺术性又服务于实用性。

因此，在它的材质、造型、体积、色彩、内涵等方面，应作为茶席设计的重要部分加以考虑，并使其在整个茶席布局中处于较显著的位置，以便于对茶席进行动态的演示。"碧潭飘雪"选用四川盖碗为主要泡茶器具。盖碗，从字面上看，有茶碗，有盖，带一个托。盖碗还有另外一个名字"三才杯"，何谓"三才"？天、地、人是为三才。盖碗分三件，上为盖，中为碗，下为托。盖在上为天，碗居中为人，托承下为地。一盖碗，就是一个小天地，蕴含中国哲理"天盖之，地载之，人育之"。端的是一份古拙大气，沉稳如绵长春秋。

四川盖碗（见图 8-3）发明于建中年间（唐德宗年号，公元 780 年—783 年），时任西川节度使兼成都府尹的崔宁有一女儿，觉得直接端盏烫手，就拿了一个碟子托着，但是盏在碟中没有固定，容易倾滑，这一聪慧女子就用蜡在碟子中央滴一个环，这下用着就舒服了。崔宁当即就命工匠用漆环代替蜡，做成成品。这样"三才杯"中的两"才"——盏和托有了，是盖碗的雏形。宋代以后，煎茶和点茶方式隐没在历史中，当时盛行的厚实黑釉茶盏也从江湖消失，变成了更加轻快明朗的青瓷、白瓷等薄壁瓷器，这类瓷器不如黑釉瓷保温，于是就给茶盏

图 8-3　四川盖碗

加上了盖,这样做既保温,又防止尘埃的侵入。品饮时,一手托盏,一手持盖,并可用茶盖来拂动漂在茶汤面上的茶叶,更增添一份喝茶的情趣。

（三）铺垫

铺垫指的是茶席整体或布局物件摆放下的铺垫物,也是铺垫茶席之下布艺类和其他材质的统称。铺垫的直接作用:一是使茶席中的器物不直接触及桌(地)面,以保持器物清洁;二是以自身的特征辅助器物共同完成茶席设计的主题,增加美感。

（四）插花

插花是指人们以自然界的鲜花、叶草为材料,通过艺术加工,在不同的线条和造型变化中,融入一定的思想和情感而完成的花卉的再造形象。

花茶茶席的插花,往往根据主题而定,如选用腊梅(见图 8-4)作为冬至主题的花茶茶席的插花。

图 8-4　腊梅

（五）焚香

在花茶茶席中较少使用,因为可能会破坏茶叶本身的香气。

（六）花茶茶席案例赏析——《竹韵》

在本茶席中选用黑瓷盖碗作为主泡器,体现一种深沉内涵;选用透明的品茗杯更能凸显茶汤颜色;铺垫采用棉麻质地;茶席插花选用几支竹叶,凸显了主题;背景配以中国国画《竹》,更能凸显整个茶席静谧的氛围。图 8-5 所示为花茶茶席——《竹韵》。

图 8-5　花茶茶席——《竹韵》

任务实施

实习茶艺师蕊蕊正在为李先生布置"碧潭飘雪"茶席,我们一起去帮帮她吧。

■ 活动目的

通过茶席布置活动,帮助学生准确认识冲泡花茶的茶具,并且能够发散思维,精心策划独特的茶席。

■ 活动要求

1. 基础训练:5人一组进行分工合作,对茶席布置各个要素进行实践。

2. 应变训练:模拟客人的学生可在预订过程中想出各种合理要求,模拟茶艺师的学生进行应变训练。

■ 活动步骤

茶席设计中的文案编写。

1. 标题。

2. 主题阐述。

3. 结构说明(器物选择及摆放位置)。

4. 结构中各因素的用意。

5. 结构图示(照片或者画图,线条勾勒出摆放位置即可)。

6. 动态演示程序介绍(杯子、茶品的选择)。

7. 奉茶礼仪语。

8. 结束语(总结性文字,包含个人的愿望)。

9. 作者署名。

■ 活动评价

表 8-3 所示为茶具考核表,表 8-4 所示为花茶茶席综合实训考核表。

表8-3　茶具考核表

班级		姓名		组别		时间	
序号	项目	细则			分值	记录者	
1	茶具的分类				40		
2	茶具的功能				40		
3	选择适宜的茶具				20		

表8-4　花茶茶席综合实训考核表

班级		姓名		组号		时间	
序号	项目	考核标准				分值	得分
1	主题	主题明确,具有新意				10	
2	茶品	选择茶品				15	
3	茶席布置过程	1. 茶席符合所选茶叶的茶性(10分) 2. 流程紧凑(10分) 3. 具有一定艺术审美(5分) 4. 器材齐全(20分) 5. 能够向客人介绍茶席(10分) 6. 解说词富有感染力(15分) 7. 礼仪周到(5分)				75	

 任务拓展

1. 以台湾桂花乌龙茶为茶品,小组合作设计该茶茶席,要求要素齐全,撰写茶席文案,并拍照记录。

2. 以春天为主题进行花茶茶席设计,以小组合作方式完成,配上照片和文案。

任务三　再加工茶的冲泡

任务引入

实习茶艺师蕊蕊已为泰国客人李先生准备好茶席,接下来,她将为客人冲泡花茶,我们一起来看看她将如何为客人冲泡花茶,在这个过程中又要注意哪些礼仪呢?

理论知识

一、花茶的冲泡流程

1. 备具（见图 8-6）
三才杯三个、水壶、托盘、随手泡、茶荷、茶道组、茶巾、花茶每人 2—3 克。

图 8-6　备具

2. 烫杯（见图 8-7）
白玉瓯中雪涛起，春江水暖鸭先知。
用开水将每个三才杯洗一遍。

图 8-7　烫杯

3. 赏茶(见图 8-8)

蒙山清香压九秋,香花绿叶相扶持。

用茶则从茶叶罐中取出适量茶叶放入茶荷,供客人欣赏干茶的外形及香气。

图 8-8　赏茶

4. 投茶(见图 8-9)

灵芽鲜美飘然下,落英缤纷玉环里。

用茶匙将茶荷中的茶叶一一投入杯中。

图 8-9　投茶

5. 闷茶(见图 8-10)

一尘不染清净地,三才化育甘露美。

用少许开水,按同一方向高冲入碗。浸润茶叶约需 10 秒。

图 8-10 闷茶

6. 冲水（见图 8-11）

轻涛泻下烹月溪，春潮带雨晚来急。

用"凤凰三点头"法向碗中冲水至七八分满。

图 8-11 冲水

7. 搅茶（见图 8-12）

香叶偏腾百媚生，绿波荡漾人蚀魂。

用茶盖将碗里的茶叶搅动，让茶泡出最好的汤汁。

图 8-12　搅茶

8. 敬茶（见图 8-13）

春花倚绿问君意，一盏香茗奉知己。

将茶碗连托，用双手有礼貌地奉给宾客。

图 8-13　敬茶

9. 闻香（见图 8-14）

对花向晚几时休，杯里清香浮清趣。

左手端起盖碗，右手轻轻地将杯盖掀起一条缝，用鼻子从缝中吸气闻香。

图 8-14　闻香

10. 品茶（见图 8-15）

轻拢慢捻抹复挑，舌端甘苦入心底。

右手在闻香后将杯盖前沿下压，后沿翘起，然后在开缝中饮茶，小口喝入茶汤。

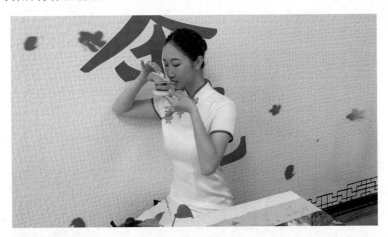

图 8-15　品茶

11. 回味（见图 8-16）

吸尽古今人不倦，茶味人生细品悟。

12. 谢茶（见图 8-17）

饮罢两腋清风起，且尽卢仝七碗茶。

图 8-16 回味

图 8-17 谢茶

二、花茶冲泡的礼仪规范

（一）站姿

优美而典雅的站姿,是体现茶艺服务人员自身素养的一个方面,是体现服务人员仪表美的起点和基础。

站姿的基本要求是:站立时直立站好,从正面看,两脚脚跟相靠,脚尖开度在 45°—60°。身体重心线应在两脚中间向上穿过脊柱及头部,双腿并拢直立、挺胸、收腹、梗颈。双肩平正,自然放松,双手自然交叉于腹前,双目平视前方,嘴微闭,面带笑容。

（二）坐姿

由茶艺工作内容所决定,茶艺服务人员在工作中经常要为客人沏泡各种茶,有时需要坐着进行,因此茶艺服务人员良好的坐姿也显得尤为重要。

正确的坐姿是:泡茶时,挺胸、收腹、头正肩平,肩部不能因为操作动作的改变而左右倾斜,双腿并拢,双手不操作时平放在操作台上,面部表情轻松愉悦,自始至终面带微笑。

（三）走姿

人的走姿是一种动态的美,茶艺服务人员在工作时经常处于行走的状态中。每个茶艺服务人员由在生活中形成了各种各样的行走姿态,或多或少地影响了人体的动态美感。因此,要通过对工作人员的正规训练,使他们掌握正确优美的走姿,并运用到工作中去。

走姿的基本方法和要求是:上身正直,目光平视,面带微笑;肩部放松,手臂自然前后摆动,手指自然弯曲;行走时身体重心稍向前倾,腹部和臀部要向上提,由大腿带动小腿向前迈进;直线行走。步速和步幅也是行走姿态的重要要求,由于茶馆工作的性质,茶艺服务人员在行走时要保持一定的步速,不要过急,否则会给客人不安静、急躁的感觉。步幅是每一步前后脚之间的距离,一般不要求步幅过大,否则会给客人带来不舒服的感觉。

总之,正确的站姿、坐姿、走姿是提供良好服务的重要环节和基础,也是使客人在品茶的同时得到感官享受的重要方面。

任务实施

进行花茶冲泡的流程及礼仪练习。

■ 活动目的

掌握花茶冲泡程序及礼仪规范。

■ 活动要求

1. 基础训练:按照 5 人一组,分别模拟客人和茶艺师流程操作。

2. 应变训练:识记流程解说。

■活动步骤

1. 上台站在桌子右侧,脚外八字,左前右后,拢手罩腹,面向评委倾身俯首45°,开场白:我是茶艺师蕊蕊,今天为各位冲泡碧潭飘雪。

2. 端起茶盘左行两步至桌子正中,放好茶盘,动作要轻柔,坐下,面向评委端正坐直。

3. 把托盘中的器具拿出,按12345顺序取出。

4. 前排物品取出后按左2右1顺序摆放,不能挡住茶盘妨碍评委观看;茶叶罐正面图案要朝向客人。

5. 左手拿茶匙交给右手,右手放茶匙在茶盘右侧,左手取茶叶罐,手指顶一下打开茶叶罐,茶叶盖放在茶巾上,取适量茶叶放入茶碟,合上茶罐盖子,放好茶叶罐,右手拿茶匙交给左手,放回茶匙至茶道组。

6. 用托盘托举茶碟走向评委或者客人,屈膝轻放茶盘置于桌面,将茶盘放在评委或客人面前,左手置于腹前,右手前伸致意,要微笑着说"请赏茶"。

7. 取茶盘斜置身前,正面朝向自己,返回桌前。

8. 将玻璃杯放入茶盘倒扣,坐下,再翻过来,拿茶杯的时候不能太靠上,为了显示对品茶客人或者评委的尊敬。

9. 温杯:用开水冲洗杯子,缓缓转动。温杯时,顺时针方向,倒水入水盂。一共温两个杯,一起倒水,再分别顺时针转动。之后,手握膝盖上,从左到右与评委眼神交流,大约5秒钟。

10. 茶匙交给右手,右手放茶匙于茶盘中间,置于两个玻璃杯中间。

打开茶叶罐,茶叶盖放在茶巾上,取适量茶叶放入茶杯,茶量以不满茶叶杯底为正常。合上茶罐盖子,放好茶叶罐,右手拿茶匙交给左手,放回茶匙至茶道组。

11. 摇香:取茶壶,倒水1厘米浸没茶叶,左手拿茶巾,右手拿起茶杯放在茶巾上,杯口朝向怀中方向,逆时针摇3圈,此为摇香。

之后,手握膝盖上,从左到右与客人眼神交流,大约5秒钟。

12. 冲泡:取茶壶,以"凤凰三点头"手法,水流不能断,沏茶至离杯口1厘米。

13. 用托盘托举茶杯走向评委或者客人,屈膝轻放茶盘置于桌面,将左侧茶杯放在客人面前,左手置于腹前,右手前伸致意,要微笑着说"请品茶"。

14. 把余下杯子放置在茶盘正中,走向另外评委,屈膝轻放茶盘置于桌面,将茶杯放在评委或客人面前,左手置于腹前,右手前伸致意,要微笑着说"请品茶"。

15. 取茶盘斜置身前,正面朝向自己,返回桌前。(退开时候茶盘斜置身前。)

16. 按顺序收起茶具在茶盘中,按54321的顺序收回茶具。

17. 起身,站在桌子右侧,脚外八字,左前右后,拢手罩腹,面向评委倾身俯首45°起身,微笑着与客人交流。

18. 施礼,拿起托盘,下台,结束演示。

19. 之后再把玻璃杯也收拾好,洗干净放回原处。

■ 活动评价

表 8-4 所示为花茶茶艺考核表。

表 8-4　花茶茶艺考核表

序号	评分项目	评分细则	配分	得分
1	备具	物品齐全,整齐美观,便于操作	10	
2	烫杯	手势正确,动作规范	10	
3	赏茶	茶品介绍准确,普通话标准	10	
4	投茶	投茶量适当	10	
5	闷茶	注水均匀,水量适当,水流紧贴杯壁,动作优美	10	
6	冲水	三点头动作优美,水流不断,水量均匀	10	
7	搅茶	动作优美流畅	10	
8	奉茶	礼貌规范,不碰杯口	5	
9	品茶	有一定品鉴能力,有营销意识	5	
10	整体印象	仪表自然端庄,行茶连绵协调,礼仪规范	10	
11	茶汤质量	温度适宜,汤色透亮均匀,滋味鲜醇爽口,叶底完美	10	
总分		100		

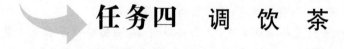

任务拓展

1. 如何在花茶服务过程中,体现四川特色茶文化?
2. 在服务四川花茶中还有哪些特殊方式呢?

任务四　调 饮 茶

任务引入

　　实习茶艺师蕊蕊今天迎来了一位特殊客人,来自泰国的小高同学,她想尝试中国的调饮茶,实习生蕊蕊将为她准备用中国茶调制而成的奶茶。

理论知识

一、调饮茶的基础知识

调饮茶是指在单品的茶汤中再加入各种调料的茶。如在红茶中加入牛奶,叫做牛奶红茶;在红茶中加入柠檬,叫做柠檬红茶等。

调饮茶起源于英式奶茶。英国工业革命时,贵妇人的先生们还在工作,夫人们很悠闲,下午没事,叫几个朋友一起喝下午茶。而且她们的晚餐吃得比较晚,下午茶正好能果腹。当时主要喝红茶,味道比较浓,她们还不太喝得习惯,所以泡出来的红茶汁,要往里面加点奶、加点糖才能喝得下去。

二、英式下午茶冲泡步骤

(一)备具

1. 茶壶

通常使用胖胖的圆茶壶,保温效果比较好,同时圆滚滚的"肚子"也可以让茶叶充分伸展,避免使用装有茶滤的壶。

2. 保温壶套

泡好茶之后,可以用夹有铺棉的保温壶套维持茶的温度,让每一口都温顺好喝。

3. 沙漏

分为3分钟和5分钟的两种,用来计算泡茶的时间。

4. 热水

使用软水最佳,避免使用多次沸腾过的水。

5. 茶叶

每冲泡一壶茶,大约使用3—5克茶叶。

6. 茶杯

挑选杯身较薄、开口较大的茶杯,既可以观看茶的色泽,也可闻到茶的芳香,同时手感也比较好。

7. 茶匙

一匙分量为 2.5—3 克,在家也可以用已知道分量的汤匙代替。

(二)泡茶步骤

(1)用热水先冲过茶壶,借此温壶跟温杯,只需稍微摇晃之后把水倒掉即可。图 8-18 所示为烫壶。

图 8-18 烫壶

(2)在茶壶中放入适量的茶叶,再小心注入热水。图 8-19 所示为投茶。

图 8-19 投茶

（3）盖上盖子之后，一手按住盖子，另一手轻轻摇晃茶壶，让茶叶散开、茶香溢出。

（4）倒放沙漏开始计时，同时罩上保温壶套，等到沙漏滴完，就可以开始品尝芬芳的下午茶了！

（5）比较常见的是在红茶茶汤中加入糖、牛奶、柠檬片、咖啡、蜂蜜或香槟酒等。所加调料的种类和数量，则随饮用者的口味而异。也有的在茶汤中同时加入糖和柠檬、蜂蜜和酒同饮，或放置冰箱中制作不同滋味的清凉饮料，都别具风味。

这里还值得一提的还有茶酒，即在茶汤中加入各种美酒，形成茶酒饮料。这种饮料酒精度低，不伤脾胃，茶味酒香，酬宾宴客，颇为相宜，已成为近代颇受群众青睐的新饮法。

三、红茶奶茶的调饮步骤

1. 准备

准备好咖啡杯、红茶茶包、牛奶、白糖。

2. 冲水

直接向杯中冲入约 1/3 的开水。

3. 放茶包

将红茶茶包放入杯中，1—2 分钟后提棉线上下搅动。

4. 加牛奶

放入适量的牛奶。

5. 加白糖

加入白糖，用汤匙轻轻搅拌，一杯简单的奶茶就调好了。

红茶性味甘温，可驱寒暖胃，更具有抗氧化、降血脂、抑制动脉硬化等功能。饮用时，经常添加糖、牛奶，调和成奶茶，还有消炎、保护胃黏膜、治疗胃溃疡的功效。

四、水果茶调饮

水果茶的兴起离不开近年来茶叶市场的火热。现在的茶叶大受热捧，水果茶也十分受欢迎。水果茶是指将茶叶与水果混合调饮，具体地说就是将某些水果与茶一起制成饮料，这样泡出来的茶饮里既有水果的香气和甜味，又不会掩盖茶香，反而让人更加喜爱喝茶。

现在较常见的水果茶有柠檬茶、柚子茶、山楂茶、百香果茶等，茶餐厅、奶茶店也出现了各种现调的水果茶。如今还出现了综合水果茶，就是将多种水果与茶混合在一起泡制，这样泡出来的水果茶不仅不会串味，反而会呈现出十分丰富的风味。图 8-20 所示为调饮茶成品——香橙百香果茶。

图 8-20　调饮茶成品——香橙百香果茶

ⅡA 任务实施

实习茶艺师蕊蕊学习了调制茶的基础知识后,用红茶调制奶茶给来自泰国的小高同学饮用。

■ 活动目的

掌握调饮红茶的基本流程。

■ 活动要求

分小组进行红茶调饮创作,组长进行小组分工,分别创作红茶调饮(基础要求)。

用红茶进行奶茶创作,并命名。

■ 活动步骤

红茶多姿多彩的调饮法。

红茶＋方糖:加入适量的方糖(1—2块),可以有效增加红茶的圆润感,建议根据个人口味添加。

红茶＋蜂蜜:按照清饮法泡好红茶,加入适量蜂蜜,注意此时红茶的温度要偏低,不能用沸水冲蜂蜜,会破坏蜂蜜的口味。

红茶＋牛奶:泡好红茶后过滤,将茶汤斟入容器中备用;把加热好的牛奶倒进备用茶汤中,反复多次冲兑,直至完全相互溶解,可依据个人口味添加冰糖。

红茶＋生姜＋蜂蜜:准备去皮生姜、蜂蜜适量。把红茶和生姜一起放入杯中,用 90 ℃以上的水冲泡,等稍温后放入蜂蜜饮用。注意:生姜要切成薄薄的片,量请自行调试直到最好的口感。

■ 活动评价

表 8-5 所示为调饮茶服务考核表。

表 8-5　调饮茶服务考核表

实训内容	序号	考核要求	分值	得分
调饮茶服务	1	礼仪要求	10	
	2	调饮茶原料准备	10	
	3	调制流程	30	
	4	作品口感	30	
	5	命名及解说	20	

任务拓展

1. 创作时令调饮水果茶。
2. 尝试用红茶以外的茶类制作调饮茶。

项目小结

本项目知识点主要阐述了以花茶为代表的再加工茶类,花茶是四川的代表茶类,它的冲泡和品饮都有讲究,要能在具体的实际生活中灵活运用。在学习了调饮茶的特点及操作要领后,同学们在学习中注意将所学知识活用,争取创新。

项目训练

一、熟悉再加工茶制作工艺及茶性,并能选择相应茶具进行冲泡。
二、熟悉花茶冲泡技巧,并完成一次冲泡。

附录
2018茶艺师国家职业标准
——部分选编

1.职业概况

1.1　职业名称

茶艺师

1.2　职业编码

4-03-02-07

1.3　职业定义

在茶室、茶楼等场所，展示茶水冲泡流程和技巧，以及传播品茶知识的人员。

1.4　职业技能等级

本职业共设五个等级，分别为：五级/初级工、四级/中级工、三级/高级工、二级/技师、一级/高级技师。

1.5　职业环境条件

室内，常温，无异味。

1.6　职业能力特征

具有较强的语言表达能力，一定的人际交往能力，较好的形体知觉能力与动作协调能力，较敏锐的嗅觉、色觉和味觉。

1.7　普通受教育程度

初中毕业（或相当文化程度）。

1.8　职业技能鉴定要求

1.8.1　申报条件

具备以下条件之一者，可申报五级/初级工：

（1）累计从事本职业或相关职业工作1年（含）以上。

（2）本职业或相关职业学徒期满。

具备以下条件之一者，可申报四级/中级工：

（1）取得本职业或相关职业五级/初级工职业资格证书（技能等级证书）后，累计从事本职业工作 4 年(含)以上。

(2)累计从事本职业或相关职业工作 6 年(含)以上。

(3)取得技工学校本专业或相关专业毕业证书(含尚未取得毕业证书的在校应届毕业生);或取得经评估论证、以中级技能为培养目标的中等及以上职业学校本专业或相关专业毕业证书(含尚未取得毕业证书的在校应届毕业生)。

具备以下条件之一者,可申报三级/高级工:

(1)取得本职业或相关职业四级/中级工职业资格证书(技能等级证书)后,累计从事本职业或相关职业工作 5 年(含)以上。

(2)取得本职业或相关职业四级/中级工职业资格证书(技能等级证书),并具有高级技工学校、技师学院毕业证书(含尚未取得毕业证书的在校应届毕业生);或取得本职业或相关职业四级/中级工职业资格证书(技能等级证书),并具有经评估论证、以高级技能为培养目标的高等职业学校本专业或相关专业毕业证书(含尚未取得毕业证书的在校应届毕业生)。

(3)具有大专及以上本专业或相关专业毕业证书,并取得本职业或相关职业四级/中级工职业资格证书(技能等级证书)后,累计从事本职业或相关职业工作 2 年(含)以上。

具备以下条件之一者,可申报二级/技师:

(1)取得本职业或相关职业三级/高级工职业资格证书(技能等级证书)后,累计从事本职业或相关职业工作 4 年(含)以上。

(2)取得本职业或相关职业三级/高级工职业资格证书(技能等级证书)的高级技工学校、技师学院毕业生,累计从事本职业或相关职业工作 3 年(含)以上;或取得本职业预备技师证书的技师学院毕业生,累计从事本职业或相关职业工作 2 年(含)以上。

具备以下条件之一者,可申报一级/高级技师:

取得本职业二级/技师职业资格证书(技能等级证书)后,累计从事本职业或相关职业工作 4 年(含)以上。

1.8.2 鉴定方式

分为理论知识考试、技能考核一级综合评审。理论知识考试以笔试、机考等方式为主,主要考核从业人员从事本职业应掌握的基本要求和相关知识要求;技能考核主要采用现场操作、模拟操作等方式进行,主要考核从业人员从事本职业应具备的技能水平;综合评审主要针对技师和高级技师,通常采取审阅申报资料、答辩等方式进行全面评议和审查。

理论知识考试、技能考核以及综合评审均实行百分制,成绩皆达 60 分(含)以上者为合格。

1.8.3 监考人员、考评人员与考生配比

理论知识考试中的监考人员与考生配比不低于 1∶15,且每个考场不少于 2 名监考人员;技能考核中的考评人员与考生配比为 1∶3,且考评人员为 3 人(含)以上单数;综合评审委员为 3 人(含)以上单数。

1.8.4 鉴定时间

理论知识考试时间为 90 min;技能考核时间:五级/初级工、四级/中级工、三级/高级工不少于 20 min,二级/技师、一级/高级技师不少于 30 min;综合评审时间不少于 20 min。

1.8.5 鉴定场所设备

理论知识考试在标准教室内进行；技能考核在具备品茗台且采光及通风条件良好的品茗室或教室、会议室进行，室内应有泡茶（饮茶）主要用具、茶叶、音响和投影仪等相关辅助用品。

2.基本要求

2.1 职业道德

2.1.1 职业道德基本知识

2.1.2 职业守则

（1）热爱专业，忠于职守。

（2）遵纪守法，文明经营。

（3）礼貌待客，热情服务。

（4）真诚守信，一丝不苟。

（5）钻研业务，精益求精。

2.2 基础知识

2.2.1 茶文化基本知识

（1）中国茶的源流。

（2）饮茶方法的演变。

（3）中国茶文化精神。

（4）中外饮茶风俗。

（5）茶与非物质文化遗产。

（6）茶的外传及影响。

（7）外国饮茶风俗。

2.2.2 茶叶知识

（1）茶树基本知识。

（2）茶叶种类。

（3）茶叶加工工艺及特点。

（4）中国名茶及其产地。

（5）茶叶品质鉴别知识。

（6）茶叶储存方法。

（7）茶叶产销概况。

2.2.3 茶具知识

（1）茶具的历史演变。

（2）茶具的种类及产地。

（3）瓷器茶具的特色。

（4）陶器茶具的特色。

（5）其他茶具的特色。

2.2.4 品茗用水知识

（1）品茶与用水的关系。

（2）品茗用水的分类。

（3）品茗用水的选择方法。

2.2.5　茶艺基本知识

（1）品饮要义。

（2）冲泡技巧。

（3）茶点选配。

2.2.6　茶与健康及科学饮茶

（1）茶叶主要成分。

（2）茶与健康的关系。

（3）科学饮茶常识。

2.2.7　食品与茶叶营养卫生

（1）食品与茶叶卫生基础知识。

（2）饮食业食品卫生制度。

参 考 文 献

[1] 郑春英.茶艺概论[M].北京:高等教育出版社,2006.

[2] 郑春英.茶艺概论(第二版)[M].北京:高等教育出版社,2013.

[3] 郑春英.茶艺概论(第三版)[M].北京:高等教育出版社,2018.

[4] 张京.中国长嘴壶茶艺[M].成都:四川科学技术出版社,2010.

[5] 陈宗懋,杨亚军.中国茶经[M].上海:上海文化出版社,2011.

[6] 陈宇.茶艺师(基础知识)[M].北京:中国劳动社会保障部出版社,2004.

[7] 余悦,时青.赣水岭[M].南昌:百花洲文艺出版社,2000.

[8] 柏凡,中国茶饮[M].北京:中央民族大学出版社,2002.

[9] 陈宗懋.中国茶叶大辞典[M].北京:中国轻工业出版社,2012.

教学支持说明

中等职业院校"十四五"规划旅游服务类系列教材系华中科技大学出版社重点规划教材。

为了改善教学效果,提高教材的使用效率,满足授课教师的教学需求,本套教材备有与教材配套的教学课件(PPT电子教案)和拓展资源(案例库、习题库等)。

为保证本教学课件及相关教学资料仅为教材使用者所得,我们将向使用本套教材的授课教师和学生免费赠送教学课件或者相关教学资料,烦请授课教师和学生通过电话、邮件或者加入旅游专家俱乐部QQ群等方式与我们联系,获取"教学课件资源申请表"电子文档,并准确填写后发给我们,我们的联系方式如下:

地址:湖北省武汉市东湖新技术开发区华工科技园华工园六路

邮编:430223

电话:027-81321911

E-mail:lyzjjlb@163.com

旅游专家俱乐部QQ群号:1005665955

教学课件资源申请表

填表时间：_____年___月___日

以下内容请按实际情况写，以详尽、字迹清晰为盼，☆为必填项，如方便请惠赐名片！

☆教师姓名		☆性别	□男□女	出生 年月		☆ 职 务		
						☆ 职 称	□教授　□副教授 □讲师　□助教	
☆学校				☆院/系				
☆教研室				☆专业				
☆办公电话		家庭电话			☆移动电话			
☆E-mail （请清晰填写）					Ｑ Ｑ			
☆联系地址					邮 编			

☆现在主授课程情况	学 生 人 数	教材所属出版社	教材满意度
课程一			□满意　□一般　□不满意
课程二			□满意　□一般　□不满意
课程三			□满意　□一般　□不满意
其 它			□满意　□一般　□不满意

教 材 或 学 术 著 作 出 版 信 息

方向一	□准备写　□写作中　□已成稿　□已出版待修订　□有讲义
方向二	□准备写　□写作中　□已成稿　□已出版待修订　□有讲义
方向三	□准备写　□写作中　□已成稿　□已出版待修订　□有讲义

请教师认真填写表格下列内容，提供索取课件配套教材的相关信息，我社根据每位教师填表信息的完整性、授课情况与索取课件的相关性，以及教材使用的情况赠送教材的配套课件及相关教学资源。

ISBN（书号）	书名	作者	索取课件 简要说明	学生人数 （如选作教材）
7-5609- （　　　）			□教学　□参考	
7-5609- （　　　）			□教学　□参考	

您对配套课件的纸质教材的意见和建议：